Wolfgang Merbach, Komi Egle, Jürgen Augustin (Hrsg.)

Wurzelinduzierte Bodenvorgänge

Borkheider Seminare zur Ökophysiologie des Wurzelraumes

Der Pflanzenbewuchs, das dazugehörige Wurzelsystem und der durchwurzelte Bodenraum nehmen eine Schlüsselstellung in terrestrischen Ökosystemen ein. Hier vollziehen sich komplizierte Wechselwirkungen zwischen Pflanzenstoffwechsel und Umweltfaktoren einerseits und (angetrieben durch die C-Lieferung der Pflanzen) zwischen Pflanzenwurzeln, Mikroben, Bodentieren, organischen C- und N-Verbindungen sowie mineralischen Bodenbestandteilen andererseits. Diese haben entscheidende Bedeutung für die Pflanzen- und Bodenentwicklung, die Nettostoff- und Nettoenergieflüsse sowie für die Belastungstoleranz von Pflanzen und Ökosystemen. Ihr Verständnis ist daher eine Voraussetzung für die Prognose, Abpufferung und Indikation von Umweltbelastungen, die Berechnung von Stoffflüssen sowie für ökologisch ausgerichtete Regulationsinstrumentarien. Trotz vieler Einzelkenntnisse sind aber derzeit Wirkungsgefüge und Regulationsmechanismen im Pflanze-Boden-Kontaktraum nur ungenügend bekannt, da in den meisten bisherigen Forschungsansätzen der Mikrobereich als "Nebeneinander" von Einzelelementen (z. B. von Strukturelementen, Nettostoffflüssen zwischen Grenzflächen, Biozönosepartnern) betrachtet wurde und kaum als Netzwerk funktionaler Kompartimente wechselnder Zusammensetzung. Abhilfe kann hier nur eine systemare Betrachtungsweise der Pflanze-Boden-Wechselbeziehungen auf der Basis einer langfristig und interdisziplinär angelegten ökophysiologischen Forschung schaffen, die auf die Aufklärung der mikrobiologischen, physiologischen, (bio)chemischen und genetischen Interaktionen im System Pflanze-Wurzel-Boden in Abhängigkeit von natürlichen und anthropogenen Einflußfaktoren ausgerichtet ist.

Die 1990 von der Deutschen Landakademie Borkheide (Krs. Potsdam-Mittelmark) und dem heutigen Institut für Primärproduktion und Mikrobielle Ökologie des Zentrums für Agrarlandschafts- und Landnutzungsforschung (ZALF) Müncheberg ins Leben gerufenen Borkheider Seminare zur Ökophysiologie des Wurzelraumes wollen daher Wissenschaftler unterschiedlicher Fachgebiete mit dem Ziel zusammenführen, experimentelle Ergebnisse ohne Zeitdruck zu diskutieren und die Forschung enger zu verflechten. Das unveränderte Interesse an der Tagungsreihe - sie hat 2003 bereits das 14. Mal stattgefunden – spricht für sich selbst. Nachdem die ersten vier Tagungsbände (1990 bis 1993) im Selbstverlag herausgegeben wurden, hat seit dem 5. Band (Mikroökologische Prozesse im System Pflanze - Boden) der Teubner-Verlag diese Aufgabe übernommen. Dafür gebührt ihm der Dank der Herausgeber.

Wolfgang Merbach

**Wolfgang Merbach, Komi Egle,
Jürgen Augustin (Hrsg.)**

Wurzelinduzierte Bodenvorgänge

14. Borkheider Seminar zur Ökophysiologie des Wurzelraumes

Wissenschaftliche Arbeitstagung in
Schmerwitz / Brandenburg
vom 10. bis 12. September 2003

Springer Fachmedien Wiesbaden GmbH

Bibliografische Information der Deutschen Bibliothek
Die Deutsche Bibliothek verzeichnet diese Publikation in der Deutschen Nationalbibliographie; detaillierte bibliografische Daten sind im Internet über <http://dnb.ddb.de> abrufbar.

Die Beiträge dieses Bandes wurden von Mitgliedern der Deutschen Gesellschaft für Pflanzenernährung sowie der Kommission IV der Deutschen Bodenkundlichen Gesellschaft begutachtet.

Prof. Dr. habil. Wolfgang Merbach
Geboren 1939 in Ranis (Thüringen). 1958 bis 1964 Landwirtschaftsstudium, 1965 bis 1966 Chemiestudium, 1970 Promotion Universität Jena. 1982 Habilitation Martin-Luther-Universität Halle-Wittenberg (MLU). 1986 bis 1990 Leiter Isotopenlabor Forschungszentrum Bodenfruchtbarkeit Müncheberg, 1989/90 Leiter der AG „Ökologischer Umbau" und Mitglied des zentralen "Runden Tisches" der DDR in Berlin, 1990 Professor Akademie der Landwirtschaftswiss., 1992 bis 1998 Institutsleiter und stellv. Direktor Zentrum für Agrarlandschafts- und Landnutzungsforschung (ZALF) Müncheberg. Seit 1998 Professor für Physiologie und Ernährung der Pflanzen, 2000 - 2003 Dekan Landwirtschaftliche Fakultät der MLU. Vorlesungen Pflanzenernährung, Düngung, Ökotoxikologie, Bodenkunde Universitäten Halle, Jena, Potsdam, Cottbus. Arbeitsschwerpunkte: Symbiontische N_2-Fixierung, Ökophysiologie, Stoffumsatz in der Rhizosphäre, Lachgasemission aus Niedermooren, N-Umsatz in Ökosystemen. Über 250 Publikationen, Herausgeber zahlreicher Bücher. Mitglied in mehreren Editorial Boards und Fachgesellschaften, 1.Vorsitzender Deutsche Gesellschaft für Pflanzenernährung (1997-2001), Mitglied im Council International Ecological Centre, Polnische Akademie der Wissenschaften.

Dr. Komi Egle
Geboren 1964 in Kpélé Goudévé Agoté (Kloto) in Togo. 1986 bis 1992 Studium der Agrarwissenschaften an der Universität von Lomé (Togo), 1992 bis 1994 wiss. Mitarbeiter am Institut für Entwicklungsforschung (ehemaliger „ORSTOM") in Lomé, 1995 bis 1998 Aufbaustudium der Agrarwissenschaften an der Georg-August-Universität Göttingen, 2002 Promotion an der Georg-August-Universität Göttingen, seit 2002 wissenschaftlicher Mitarbeiter am Institut für Bodenkunde und Pflanzenernährung der MLU. Arbeitsschwerpunkte: C- und N-Akkumulation und -Transport bei der Pflanze unter Beeinflussung der sink-source-Beziehungen.

Prof. Dr. Jürgen Augustin
Geboren 1954 in Ostritz (Sachsen). 1975 bis 1979 Studium der Pflanzenproduktion und Biochemie, 1985 Promotion an der MLU, seit 1985 wissenschaftlicher Mitarbeiter am Forschungszentrum Bodenfruchtbarkeit, 1992 bis 1998 am ZALF. 1998 bis 1999 kommissarischer Institutsleiter Institut für Rhizosphärenforschung und Pflanzenernährung, danach Abteilungsleiter Institut für Primärproduktion und Mikrobielle Ökologie ZALF, Lehraufträge für Ökotoxikologie FH Eberswalde, BTU Cottbus. 2003 Honorarprofessur MLU. Arbeitsschwerpunkte: Stoffumsatz und Spurengasemission in Feuchtgebieten.

1. Auflage August 2004

Alle Rechte vorbehalten
© Springer Fachmedien Wiesbaden 2004
Ursprünglich erschienen bei B. G. Teubner Verlag / GWV Fachverlage Gmbh, Weisbaden 2004

www.teubner.de

Umschlaggestaltung: Ulrike Weigel, www.CorporateDesignGroup.de
Druck und buchbinderische Verarbeitung: Lengericher Handelsdruckerei, Lengerich/Westfalen
Gedruckt auf säurefreiem und chlorfrei gebleichtem Papier.

ISBN 978-3-519-00516-2   ISBN 978-3-322-80084-8 (eBook)
DOI 10.1007/978-3-322-80084-8

Vorwort

Die Lebenstätigkeit der Bodenorganismen und die Anreicherung der organischen Bodensubstanz basieren fast ausschließlich auf der Transformation der Sonnenenergie und dem Kohlenstoffeintrag durch die Vegetation. Dadurch wird die Grundlage für die intensiven mikroökosystemaren Wechselwirkungen im durchwurzelten Bodenraum gelegt, die aus dem toten Ausgangssubstrat in vielen Jahrzehnten den belebten Boden entstehen lassen. Diese in der Wurzel-Boden-Kontaktzone ablaufenden Prozesse haben grundsätzliche Bedeutung für den Pflanzenbewuchs, die Stoff- und Energieflüsse in Ökosystemen und die „Pufferungsfähigkeit" von Biozönosen. Die komplizierten Wechselwirkungen zwischen Pflanzenstoffwechsel, Rhizodeposition, Mikroben, Bodentieren und mineralischen Bodenbestandteilen sind jedoch nach wie vor nur in Einzelaspekten aufgeklärt. Eine komplexe Betrachtungsweise auf der Basis interdisziplinär angelegter ökosystemarer Ansätze könnte hier weiterhelfen, die die Erforschung der mikrobiologischen, physiologischen, biochemischen und genetischen Interaktionen im System Pflanze-Wurzel-Boden mit anwendungsorientierten Disziplinen vernetzt. Ein solches Vorgehen trägt zum besseren Verständnis der in und zwischen Ökosystemen ablaufenden Prozesse und damit zu einer nachhaltigen Nutzung und Gestaltung der Kulturlandschaft bei.

Der vorliegende Band ist dieser Thematik gewidmet. Er enthält die gekürzten Fassungen der 22 Vorträge des **14. Borkheider Seminars zur Ökophysiologie des Wurzelraumes**, das vom 10. bis 12. September 2003 in Schmerwitz (Krs. Potsdam-Mittelmark, Brandenburg) stattfand.

Der Schwerpunkt lag bei den Prozessen, die durch die Aktivität der Pflanzenwurzeln induziert werden. Dabei standen folgende Aspekte im Mittelpunkt:

1. die **Morphologie, Physiologie und Biochemie der Wurzeln** unter besonderer Berücksichtigung der Wurzelverteilung in Agroökosystemen und der biochemischen Grundlagen von Salzstress und Eisenmangel (3 Beiträge),
2. die **Pflanzen-Mikroben-Interaktionen**, wobei die Funktionsweise der Mykorrhiza, der Nachweis assoziativer Mikroben sowie der Effekt von Stickstoff und Pflanzenschutzmitteln diskutiert wurden (7 Beiträge),
3. die **Rhizosphärenprozesse** in ihrem Effekt auf die Nährstoffdynamik und die Bodenstruktur (3 Beiträge),
4. die **Zusammensetzung wurzelbürtiger C- und N-Verbindungen** und deren Einfluss auf die organische Bodensubstanz (3 Beiträge),
5. die **Stoffaufnahme, -umsetzung und –festlegung im** Wurzelraum (4 Beiträge) und

6. die **Beeinflussbarkeit von Agroökosystemen** am Beispiel des Niedermoorgrünlandes und des Maisanbaus (2 Beiträge).

Auch 2003 nahmen wiederum in starkem Maße Nachwuchswissenschaftler(innen) an der Tagung teil. Dabei wurden experimentelle Beiträge aus der Pflanzenernährung, Düngung, Bodenmikrobiologie, Ökophysiologie, Molekularbiologie, Moorforschung, Schadstoffsanierung, dem Acker- und Pflanzenbau und weiteren Gebieten vorgestellt, was die interdisziplinäre Diskussion und die Einordnung der Einzelergebnisse in ein ökosystemares Beziehungsgefüge erleichterte. Dies entsprach dem Grundanliegen der Borkheider Seminare, unterschiedlich ausgerichtete Fachleute zu enger Kooperation zusammenzuführen.

Die Organisation erfolgte wie in den vergangenen Jahren durch die Professur „Physiologie und Ernährung der Pflanzen" der Landwirtschaftlichen Fakultät der Martin-Luther-Universität Halle-Wittenberg. Darüber hinaus trugen zur Ausrichtung des Workshops das Institut für Primärproduktion und Mikrobielle Ökologie im Zentrum für Agrarlandschafts- und Landnutzungsforschung (ZALF) Müncheberg (Krs. Märkisch-Oderland, Brandenburg), die Deutsche Gesellschaft für Pflanzenernährung und die Kommission IV der Deutschen Bodenkundlichen Gesellschaft bei. Wir danken Frau Dr. Heidrun Beschow, Institut für Bodenkunde und Pflanzenernährung der Universität Halle-Wittenberg, für die Vorbereitung des Seminars, Frau Morgenstern und Herrn Rost für die Bereitstellung der Tagungsräume, die Unterbringung und Verpflegung in Schmerwitz und Herrn Jürgen Weiß vom Teubner-Verlag für die gedeihliche Zusammenarbeit.

<table>
<tr><td>Halle und Müncheberg</td><td>Wolfgang Merbach</td></tr>
<tr><td>im Juni 2004</td><td>Komi Egle</td></tr>
<tr><td></td><td>Jürgen Augustin</td></tr>
</table>

Inhaltsverzeichnis

1 Morphologie, Physiologie und Biochemie der Wurzeln

2 Pflanzen-Mikroben-Interaktion

3 Rhizosphärenprozesse und ihre Beeinflussbarkeit

4 Zusammensetzung und Funktion wurzelbürtiger C- und N-Verbindungen

5 Stoffaufnahme, -umsetzung und -festlegung im Wurzelraum

6 Beeinflussbarkeit von Agroökosystemen

Verzeichnis der Teilnehmer

1
Morphologie, Physiologie und Biochemie der Wurzeln

Wurzelinduzierte Bodenvorgänge
14. Borkheider Seminar zur Ökophysiologie des Wurzelraumes
Hrsg.: W. Merbach, K. Egle, J. Augustin.
B. G. Teubner - Stuttgart • Leipzig • Wiesbaden (2004), S. 13 - 19

Salzstress-induzierte Proteine in Maiswurzeln

Christian ZÖRB und Sven SCHUBERT

Institut für Pflanzenernährung, Justus-Liebig-Universität Gießen, Heinrich-Buff-Ring 26-32 (IFZ), D-35392 Gießen, e-mail: Christian.zoerb@ernaehrung.uni-giessen.de

Abstract

An Na^+-excluding maize inbred line developed in our laboratory was subjected to moderate and high salt stress. Concentrations of Na^+, Cl^-, and biomass were analyzed. Protein expression patterns from maize roots were detected by 2D polyacrylamide gel electrophoresis. Moderate salt stress (25 mM NaCl) already led to a differential expression of 45 % of root proteins, whereby the Na^+ and Cl^- concentrations and the morphology of the plants were not affected. High stress (100 mM NaCl) led to an uncontrolled change of more than 80 % of the expression of numerous genes. Three groups of differentially regulated proteins under salt stress were identified by in-gel digestion and peptide mass fingerprinting using a matrix-assisted laser desorption/ionisation time-of-flight mass spectrometer (MALDI-TOF). Proteins which are involved in the protein biosynthesis and their modifications by kinases, enzymes of C metabolism, and N metabolism were found. We conclude that maize has no capability of a specific adaptation to NaCl toxicity.

Einleitung

Bodensalinität beeinträchtigt die Pflanzenproduktion in weiten Teilen der Erde (EPSTEIN 1980, BOYER 1982, QUESADA and PONCE 2000). Mais (*Zea mays* L.) wird als moderat salzsensitive Pflanze eingestuft (MAAS and HOFMANN 1977). Bei Bodensalinität ist die Wurzel das primär betroffene pflanzliche Organ. Umwelteinflüsse wie Salzstress haben starken Einfluss auf die Regulation von Genen und damit auf die Expression von Proteinen. Ein biochemischer Ansatz zur Untersuchung molekularer Mechanismen pflanzlicher Reaktionen auf Salzstress ist die Untersuchung des Proteoms mittels 2D-Polyacrylamid-Gelelektrophorese (2D-Gelelktrophorese). Die hohe Auflösung, die durch 2D-Gele erreicht wird, und die anschließende Software-unterstützte Auswertung der unter Salzstress differenziell regulierten Proteine wird dazu benutzt, Proteine zu untersuchen, die unter Salzstress verändert werden. Differenziell regulierte Proteine können anschließend aus dem Gel ausgeschnitten werden und über „matrix-assisted laser desorption/ionisation time-of-flight"-Massenspektrometrie (MALDI-TOF) identifiziert werden.

Material und Methoden

Pflanzenanzucht, Ernte, Ionenanalyse

Das verwendete Pflanzenmaterial war eine in unserem Institut entwickelte Na^+-exkludierende Mais-Inzuchtlinie (SCHUBERT et al. 2001, ZÖRB et al. 2001). Das Experiment wurde in einer Klimakammer (16 h Licht, 500 μE m^{-2} s^{-1}, 26°C; Dunkelphase, 18°C; rel. Luftfeuchte 70%) durchgeführt. Die Maiskörner (*Zea mays* L.) wurden in 1 mM $CaSO_4$ für 2 d bei 25 °C vorgequollen. Die Keimlinge wurden zwischen "Sandwiches" mit in 1 mM $CaSO_4$ getränktem Filterpapier gepackt und für 4 d inkubiert. Pro 2,5 l-Topf wurden vier Pflanzen in ¼ konzentrierte Nährlösung gesetzt. Nach 2 Tagen wurde die Nährlösung täglich um je ¼ bis zur vollen Konzentration gesteigert. Die volle Konzentration der Nährlösung hatte folgende Zusammensetzung (in mM): $Ca(NO_3)_2$ 2,5; K_2SO_4 1,0; KH_2PO_4 0,2; $MgSO_4$ 0,6; $CaCl_2$ 5,0; (in μM): H_3BO_4 1.0; $MnSO_4$ 2,0; $ZnSO_4$ 0,5; $CuSO_4$ 0,3; $(NH_4)_6Mo_7O_{24}$ 0,005; Fe-EDTA 200. Nach dem Erreichen der vollen Nährlösungskonzentration wurde die Nährlösung alle 2 d gewechselt. Die NaCl-Behandlung wurde einen Tag nach dem Erreichen der vollen Nährlösungskonzentration gestartet. Es wurde in 25 mM-Schritten alle 2 d NaCl zugegeben, bis die Endkonzentration von 100 mM erreicht war. Kontrollpflanzen wurden mit 1 mM NaCl versorgt. Das Experiment wurde mit je drei Wiederholungen durchgeführt. Die Pflanzen wurden 9 d nach Beginn der NaCl-Behandlung nach Spross- und Wurzelmaterial getrennt geerntet und ein Teil in flüssigem N schockgefrostet und bei –80°C gelagert. Die Frischmasse wurde bestimmt. Die Na^+-Konzentration wurde nach Veraschung (500°C) mittels Atomabsorptionsphotometer (Varian FS 220) bestimmt. Cl^- wurde potentiometrisch durch Titration von AgCl bestimmt (Eppendorf 6610).

Proteinisolierung, 2D-Gelelektrophorese

Proteine wurden nach einer Methode von GÖRG et al. (1998) mittels TCA-Aceton-DTT-Präzipitationsmethode isoliert und mit 2D-QUANT-Protein-Quantifizierungs-Kit (Amersham Biosciences) quantifiziert. Für die isoelektrische Fokussierung (Trennung nach Isoelektrischem Punkt; IEF) der Proteine wurden IPG-Strips, pH 3-10 (Amersham Biosciences), verwendet. Dazu wurden 100 μg Protein aufgetragen und in der IEF-Kammer für 10 h rehydriert. Die rehydrierten Strips wurden in einer IPG-Phor-Kammer (Amersham Biosciences) mit folgendem Programm gefahren: 100 V 2 h; 500 V 2 h; 1000 V 2 h; 8000 V 2 h, bei einer Temperatur von 20°C und einer Stromstärke von 45 μA pro Strip. Nach dem Lauf wurden die Strips in Equilibrierungspuffer (50 mM Tris-Cl, pH 8,8; 6 M Harnstoff; 30 % Glycerol; 2 % (w/v) SDS; 0,001 % Bromphenolblau und

1 % DTT) für 10 min inkubiert. Danach wurden die Strips für 15 min in 4 % Equilibrierungspuffer mit 4 % (w/v) Jodacetamid unter leichtem Schütteln inkubiert.

Die zweite Dimension (Trennung nach Molekülgröße; SDS-PAGE) wurde mit 12,5 % Polyacrylamid-Gelen durchgeführt. Molekulargewichts-Standards im Bereich von 10 bis 150 kDa wurden an der sauren Seite des Strips positioniert. Die Strips wurden auf das Polyacrylamid-Gel montiert und bei 25°C mit 45 mA pro Gel in einer Höfer-Kammer (20 x 20 cm) gefahren. Es konnten 4 Gele gleichzeitig gefahren werden. Nach dem Lauf wurden die Gele in 50 % Ethanol, 12 % Essigsäure fixiert und mit „Hot-Coomassie R350" gefärbt (Westermeier 2002). Zu jeder Variante wurden jeweils 3 Parallelgele angefertigt. Die Gele wurden mit einem Scanner digitalisiert. Die Auswertung erfolgte mit der Proteomweaver-Software (Definiens). Für die Detektion von Spots wurden Ausschlussgrenzen im Bereich des Kontrastlimits von 5 und der Intensität von 1000 gewählt. Ein „crop polygon" wurde gesetzt, eine „background substraction" und eine „normalization" vorgenommen, um alle Gele miteinander vergleichen zu können (Hintergrund-Standardisierung). Ein Spotfilter wurde verwendet, der nur solche Spots erkennt, die in mindestens 50 % der Parallelgele gleich sind. Als differenziell regulierte Proteine wurden nur solche Spots detektiert, die um den Faktor 2 herunterreguliert oder hochreguliert bzw. gänzlich neu erschienen sind. Für die Dokumentation wurden Mittelwert-Gele von allen Gruppen durch die Software erstellt.

Protein-Identifikation

Aus dem Gel ausgeschnittene Spots wurden im Institut für Biochemie der Universität Gießen mittels Massen-Fingerprinting im „matrix assisted laser Desorption/ionization time of flight"-Massenspektrometer (MALDI-TOF) bestimmt. Über deren Massen wurden die Sequenzen der Proteine mit den Programmen ProFund (http://prowl.rockefeller.deu) und MASCOT (http://www.matrixscience.com) ermittelt.

Ergebnisse und Diskussion

Symptome

Wie aus Abb. 1 und Abb. 2 zu erkennen ist, zeigten die effizient Na^+-exkludierenden Maispflanzen nach 9-tägiger Behandlung mit 25 mM NaCl keine Wachstumsdepression. Wie aus Abb. 3 zu entnehmen ist, waren die Na^+- und die Cl^--Konzentrationen in Wurzeln der mit 25 mM NaCl behandelten Pflanzen im Vergleich zu den Kontrollpflanzen noch nicht erhöht. Nach diesen Ergebnissen bleibt Mais bei moderatem Stress physiologisch noch symptomfrei. Bei einer Behandlung mit 100 mM NaCl war eine Wachstumsdepression der Wurzel zu

16

verzeichnen (Abb. 2). Die Na$^+$-Konzentration in den Wurzeln erhöhte sich auf 3-fache Werte (Abb. 3).

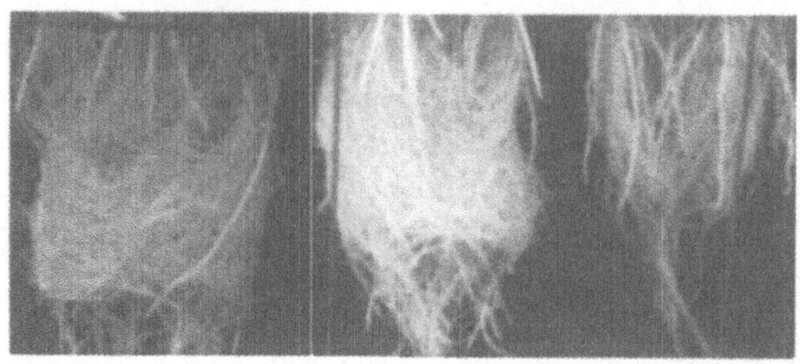

Abb. 1. Wurzeln einer Na$^+$-exkludierenden Mais-Inzuchtlinie aus Wasserkulturen nach Applikation von unterschiedlichen NaCl-Konzentrationen

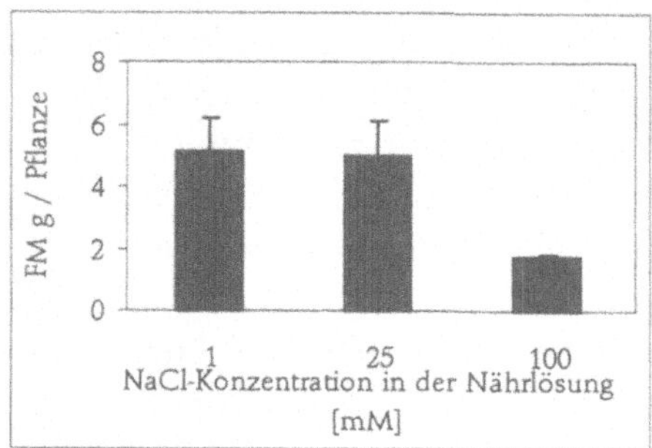

Abb. 2. Frischmasse von Maiswurzeln nach 9-tägiger Behandlung mit NaCl

Abb. 3. Na$^+$- und Cl$^-$-Konzentrationen in Maiswurzeln nach 9-tägiger Behandlung mit NaCl

Proteinbiochemische Ergebnisse

Die Auswertung der 2D-Gele von Kontrollpflanzen im Vergleich zu bei 100 mM NaCl angezogenen Pflanzen ergab, dass 81 % der detektierten Proteine aus Maiswurzeln differenziell exprimiert waren (Tab.1).

Tab. 1 Differenzielle Ausbildung von Wurzelproteinspots in 2D-Gelen von Mais von ca. 1000 Proteinspots (Angabe in % der detektierten Proteine)

NaCl-Behandlung	1 mM / 25 mM	1 mM / 100 mM
hochreguliert	4,4	8,2
herunterreguliert	8,4	11,1
neu erschienen	13,5	32,5
verschwunden	18,6	29,3
Gesamt	44,9	81,1

Die Applikation von 100 mM NaCl führte zu einer unkontrollierten Überexpression von sehr vielen Genen, wobei es nicht zu einer verbesserten Anpassung an den Salzstress kam. Im Vergleich von Kontrollpflanzen mit 25 mM NaCl-behandelten Pflanzen wurden 45 % der Proteine differenziell exprimiert (Tab. 1). Diese biochemische Reaktion ist verblüffend, da zu diesem Zeitpunkt weder die Wurzelmasse noch die Konzentrationen von Na^+ und Cl^- nach Applikation von 25 mM NaCl gegenüber der Kontrolle verändert waren. Die hohe Zahl der schon bei moderatem Salzstress differenziell exprimierten Proteine lässt auf eine unspezifische Reaktion des Stoffwechels schließen. Die Maispflanze reagiert mit einer „Symptomlinderung".

Identifikation von Proteinspots

Von ca. 20 prominenten Proteinspots konnten neun Proteine mittels MALDI-TOF eindeutig identifiziert werden (Abb 4). Diese Proteine können drei Gruppen zugeteilt werden: A) Proteine, die bei der Proteinbiosynthese und der Modifikation

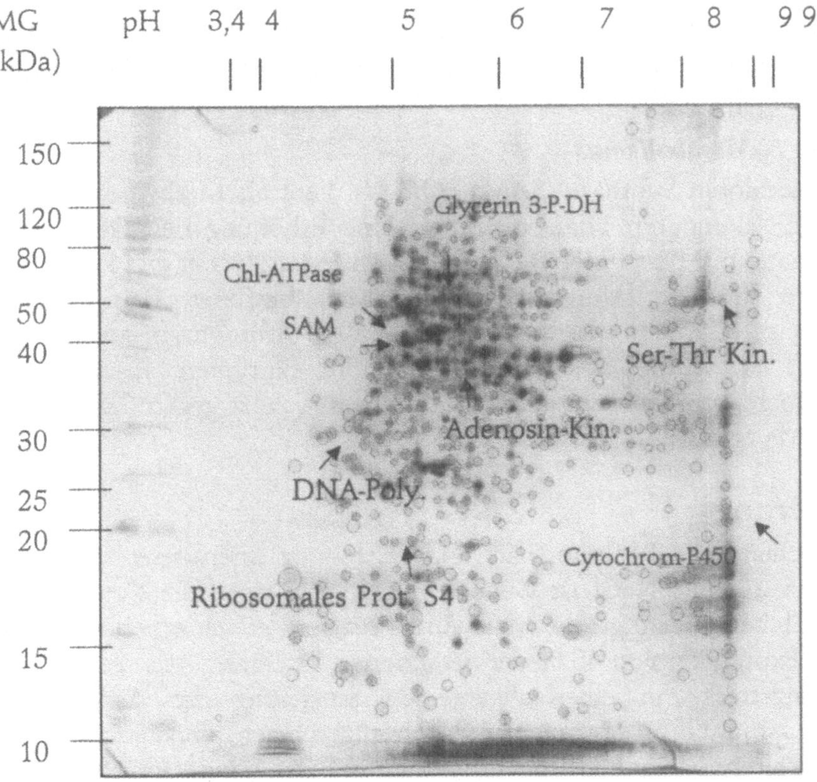

Abb. 4. 2D-Gel von Wurzelprotein nach Coomassiefärbung aus einer Na^+-exkludierenden Mais-Inzuchtlinie. Proteinextraktion siehe Material und Methode. Die mittels Massenspektrometrie (MALDI-TOF) identifizierten Proteine sind mit Pfeilen markiert. MG: Molekulargewicht, pH: Isoelektrischer Punkt.

18

von Proteinen eine Rolle spielen, B) Enzyme des C-Metabolismus; und C) Enzyme des N-Metabolismus.

A) Proteine die in der Proteinbiosynthese involviert sind

Es wurde ein ribosomales Protein (S4) identifiziert (Abb. 4). Von KAWASAKI et al. (2001) wurde in Reis ebenfalls eine Hochregulation nach Applikation von 150 mM NaCl publiziert. Cytochrom P450 (Abb. 4) ist in Wachstum und Entwicklung von Pflanzen involviert. Bei Tomate wurde ebenfalls eine Hochregulation dieses Proteins unter Al-, Zn-, P-, K-, Fe-, N- Stress festgestellt. Eine Serin-Threonin-Kinase (Abb. 4), die bei der Phosphorylierung von Proteinen beteiligt ist, wurde in Maiswurzeln unter NaCl-Stress hochreguliert. Eine Adenosin-Kinase (Abb. 4) ist für die Methylierung von DNA im Glycin- und Betain-Stoffwechsel notwendig. Nach WERTILNYK et al. (2001) wurde die Adenosin-Kinase in Mais während NaCl Stress ebenfalls erhöht exprimiert.

B) Enzyme des C-Metabolismus

Eine Fructose-1,6-bisphosphat-Aldolase (Abb. 4), die an der Zucker- und Stärkesynthese beteiligt ist, wurde in Maiswurzeln verstärkt exprimiert. Eine Chloroplasten-ATPase-Untereinheit (ATP-Synthase; Abb. 4) wurde in Mais während NaCl-Stress ebenfalls erhöht exprimiert.

C) Enzyme des N-Metabolismus

S-Adenosyl-L-Methionin Synthase (SAMS, Abb. 4) dient als Methyldonor für die Produktion von sekundären Pflanzenstoffen. Eine Erhöhung der Transkription wurde für Tomate und Reis unter NaCl-Stress von ESPARTERO et al. (1994) belegt und wird auch in dieser Untersuchung für Mais bestätigt. Eine Glutamat-Ammonium-Ligase (GS, Abb. 4), die am GS/GOGAT-Ammonium-Assimilations-Zyklus beteiligt ist, wurde in Maiswurzeln erhöht exprimiert. In transgenem Reis, der GS überexprimiert, wurde eine erhöhte Resistenz gegen Salzstress detektiert (HOSHIDA et al. 2000).

Schlussfolgerung

Die proteinbiochemische Reaktion nach NaCl-Stress ist unerwartet stark. Nach Applikation von 25 mM NaCl ist weder Wurzelmasse noch die Konzentration von Na^+ und Cl^- beeinträchtigt, die Maiswurzel reagiert jedoch erheblich mit der differenziellen Expression von 45 % der detektierten Proteine. Mais reagiert unter moderatem Salzstress mit einer allgemeinen Steigerung des Assimilatstoffwechsels, um Osmolyte zu ergänzen und den allgemeinen physiologischen Status aufrecht erhalten zu können. In Verbindung mit der hohen Anzahl an differenziell exprimierten Proteinen deutet dies auf eine unspezifische Reaktion des Stoffwechsels nach Salzstress hin. Die physiologisch-biochemische Strategie der salzsensitiven Maispflanze scheint auf eine allgemeine „Symptomlinderung" und nicht auf eine spezifische Anpassung eingestellt zu sein.

Literaturverzeichnis

ESPARTERO, J.; PINTOR-TORO, J.A.; PARDO, J.M., 1994: Differential accumulation of S-adenosylmethionine synthetase transcripts in response to salt stress. *Plant Molecular Biology* 25, 217-227.

GÖRG, A.; BOGUTH, G.; OBERMAIER, C.; HARDER, A.; WEISS, W., 1998: 2-D electrophoresis with immobilized pH gradients using IPGphor isoelectric focussing system. *Life Science News* 1, 4-6.

HOSHIDA, H.; TANAKA, Y.; HIBINO, T.; HAYASHI, Y.; TANAKA, A.; TAKABE, T., 2000: Enhanced tolerance to salt stress in transgenic rice that overexpresses chloroplast glutamine synthetase. *Plant Molecular Biology* 43, 103-11.

KAWASAKI, S.; BORCHERT, C.; DEYHOLOS, M.; WANG, H.; BRAZILLE, S.; KAWAI, K.; GALBRAITH, D.; BOHNERT, H., 2001: Gene expression profiles during the initial phase of salt stress in rice. *Plant Cell* 13, 899-905.

SCHUBERT, S.; ZÖRB, C.; SÜMER, A., 2001: Salt resistance of maize: Recent developments. In: HORST W.J. et al. (eds.): *Plant Nutrition - Food Security and Sustainability of Agro-Ecosystems.* Kluwer Academic Publishers; Dordrecht, The Netherlands, 404-405.

WERETILNYK, E.A.; ALEXANDER, K. J.; DREBENSTEDT, M.; SNIDER, J. D.; SUMMERS, P. S.; MOFFATT, B.A., 2001: Maintaining methylation activities during salt stress. The involvement of adenosine kinase. *Plant Physiology* 125, 856-865.

WESTERMEIER, R.; NAVEN, T., 2002: Proteomics in Practice, A laboratory manual of proteome analysis. Amersham Pharmacia Biotech, Little Chalfont, UK. WILEY-VHC.

ZÖRB, C.; WIESE, J.; SCHUBERT, S., 2001: Molecular insights into maize Na^+/H^+ antiport. In: HORST, W.J. et al. (eds.): *Plant Nutrition - Food Security and Sustainability of Agro-Ecosystems.* Kluwer Academic Publishers, Dordrecht, The Netherlands, 58-59

Wurzelinduzierte Bodenvorgänge
14. Borkheider Seminar zur Ökophysiologie des Wurzelraumes
Hrsg.: W. Merbach, K. Egle, J. Augustin.
B. G. Teubner - Stuttgart • Leipzig • Wiesbaden (2004), S. 20 - 28

Erfassung und Quantifizierung der Strukturen von Wurzelsystemverbänden heterogener Pflanzengesellschaften mittels Bild- und Fraktalanalyse

Margitta DANNOWSKI

Institut für Landnutzungssysteme und Landschaftsökologie, Leibniz-Zentrum für Agrarlandschafts- und Landnutzungsforschung (ZALF) e.V., Eberswalder Straße 84, D-15374 Müncheberg

Abstract

There is an increasing interest in information on the influence of the rooted soil zone on soil processes in larger area units of the landscape. These data are needed to achieve higher accuracy in model calculations. In the recent study the root system associations of plant communities were examined both as the smallest functional units and as whole systems as well. The experimental area was a field wood of 3200 m^2 size grown with plant communities of different biotope types. The rooting properties of the root system associations were examined on the basis of a complex analysis (picture- and fractal analysis). The results show a large diversity in rooting depth (main root zone and maximum rooting depth), in root proportions per soil layer and in the root complexity/ structure of root distribution pictures. There is an unexpectedly high difference between main root zone and maximum rooting depth. Evident differences (partly significant) were recognized in belowground structure complexity of plant communities even on the scale of biotope.

Einleitung

Um den Einfluss der durchwurzelten Bodenzone auf Bodenprozesse mit mehr Treffsicherheit abschätzen zu können, besteht zunehmend Bedarf an Daten und Grundlagenwissen über Durchwurzelungseigenschaften von Pflanzengesellschaften für größere Raumeinheiten der Landschaft (JACKSON et al. 1996). Dies erfordert das ganzheitliche Analysieren von Pflanzengesellschaften als funktionelle Grundeinheit als Voraussetzung für vegetations- bzw. flächenspezifische Aussagen. Mit steigendem Skalenbereich werden Informationen abstrakter. Der Verlust an Detailinformation kann jedoch kompensiert werden durch einen Gewinn an Übersichtsinformation, was die Chance neuer Erkenntnisse bietet (HERZ 1973).

Das Ziel der Untersuchungen bestand darin herauszufinden, welche Durchwurzelungseigenschaften eine ganze Pflanzengesellschaft als kleinste funktionelle Grundeinheit besitzt, ohne die einzelnen Pflanzenarten im Detail zu betrachten und wie sich Pflanzengesellschaften im Durchwurzelungsverhalten voneinander unterscheiden. Ganzheitliches Erfassen von Wurzelsystemverbänden erfordert auch deren ganzheitliche Auswertung. Unterschiede müssen quantifizierbar sein, um Vergleichsmöglichkeiten zu schaffen für eine fachliche Beurteilung. Für diesen Zweck wurden in folgenden zwei Techniken angewendet, die Bild- und die Fraktalanalyse.

Material und Methoden

Standort:	Müncheberg / Mark
Boden:	Parabraunerde / Braunerde- und Bänderparabraunerde-Bodengesellschaften
Textur (mittlere Werte der Ackerkrume):	83 % Sand, 14 % Schluff, 3 % Ton, 0,589 % organische Substanz
Bodenlagerungsdichte:	$1,24 \pm 0,02$ g/cm^3 (5-10cm), $1,61 \pm 0,02$ g/cm$_3$ (40-60 cm), $1,65 \pm 0,02$ g/cm^3 (>65 cm)
Vegetation:	Feldgehölz / Laubgebüsch-Insel mit Saumgesellschaften der Biotoptypen „extensiv genutztes Grünland" eines mäßig frischen Standortes, „Staudenfluren", „Laubgebüsche", „Feldgehölze", aufgelassenes Grasland („Landreitgrasbrache")
Größe der Fläche:	3200 m^2

Methodik der Datenerhebung zur Charakterisierung der Wurzelsystemverbände unterschiedlicher Pflanzengesellschaften

Zur Ermittlung der Durchwurzelungstiefen der Wurzelsystemverbände von Pflanzengesellschaften der vorhandenen Biotoptypen wurden auf der Fläche (Abb. 1) mit einem Bagger 10 Profilgruben (Abb. 2) zwischen 6 und 12 m Länge so tief ausgebaggert, bis die untere Grenze des sichtbaren Wurzelwachstums erkennbar war.

Vorsichtiges Ausklopfen des lockeren Bodens mit einem Zinkenwerkzeug und das maschinelle Abspülen der äußeren Bodenschicht der Profilwand mit einer hydraulischen Spritze dienten dazu, den Wurzelsystemverband am jeweiligen Meßplatz freizulegen, sichtbar zu machen und von organischen Resten bzw. kleinen Steinen zu säubern. An den so vorbereiteten Profilwänden wurden die Wurzelbilder der jeweiligen Pflanzengesellschaften fortlaufend auf mehrere Polyäthylenfolien einer Fläche von jeweils 2 m * 2 m nachgezeichnet. Als Ergebnis dieser Arbeiten standen von den einzelnen Meßplätzen zwischen 2 und 6 Teilprofilzeichnungen, d.h. zwischen 6 m und 12 m Wurzelsystemverband zur Aus-

22

wertung zur Verfügung. Die Foliezeichnungen wurden in einheitlich verkleinertem Maßstab auf Papier kopiert und zum Anlegen einer Datei eingescannt. Die unterschiedlichen Durchwurzelungsmuster der Wurzelsystemverbände unterschiedlicher Pflanzengesellschaften wurden als funktionelle Grundeinheiten ganzheitlich analysiert und quantifiziert. Mit Hilfe des Programmes SigmaScan Pro der Firma SPSS Science erfolgte die Bildauswertung der Wurzelsystemverbände in Form einer Pixelzählung der vorhandenen Bildstrukturen pro 10 cm Bodenschicht. Auf diese Weise konnte der prozentuale Wurzelanteil pro Bodenschicht errechnet werden. Zur Ermittlung der fraktalen Dimensionen (auch f-Dimension) diente die Boxcounting-Methode (siehe z.B. Block et al. 1990, JÜRGENS et al. 1996).

Abb. 1. Lage der Untersuchungsfläche (Feldgehölz/Laubgebüsch-Fläche mit Saumgesellschaft) am Standort Müncheberg

Abb. 2. Profilwand mit dem Wurzelsystemverband eines Holundergebüsches

Ergebnisse und Schlussfolgerungen

Die Lage der Hauptwurzelzonen und der maximalen Durchwurzelungstiefen (Abb. 3) lassen erkennen, wie groß der jeweils maximal erschließbare Bodenraum für die einzelnen Pflanzengesellschaften ist und wie stark die Bereiche der Hauptwurzelzonen und die Bodenwasserentzugsgrenzen zwischen den untersuchten Pflanzengesellschaften variieren.

Die Wurzelanteile pro Bodenschicht demonstrieren, in welch unterschiedlichen Bodentiefen der Hauptanteil der Wurzeln konzentriert ist und ein intensives Erschließen von Bodenressourcen erfolgen kann (EHLERS 1996) und wo der Hauptanteil an umgesetzter Wurzelmasse zu erwarten ist. Die Abbildungen 4 bis 7 zeigen die Wurzeltiefenverteilungen der untersuchten Pflanzengesellschaften von vier untersuchten Biotoptypen.

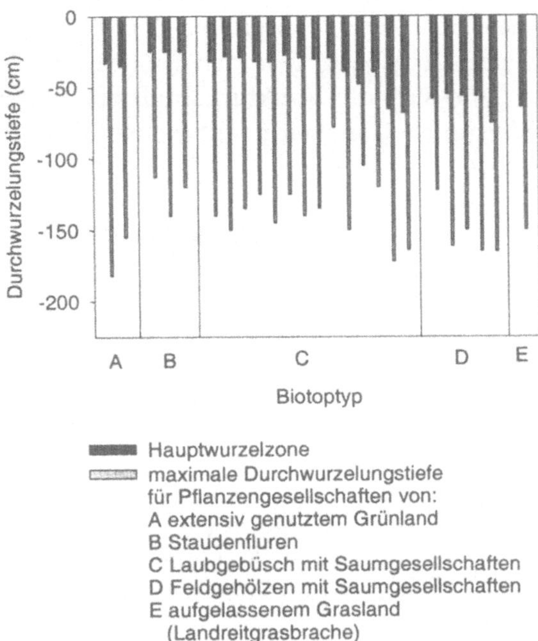

Abb. 3. Hauptwurzelzone und maximale Durchwurzelungstiefen von Pflanzengesellschaften unterschiedlicher Biotoptypen am Standort Müncheberg

Während in den Biotoptypen „extensiv genutztes Grünland" und „Staudenfluren" 75 % der Wurzeln innerhalb einer Bodenschicht bis 30 cm anzutreffen sind, wird der gleiche Anteil an Wurzeln bei „Laubgebüschen" und „Feldgehölzen" erst bei einer Bodentiefe von ca. 50 bis 60 cm erreicht. Bei der untersuchten (hier nicht dargestellten) Landreitgrasbrache des Biotoptyps „aufgelassenes Grasland" sind bei einer relativ einheitlich dichten Durchwurzelung (siehe Wurzelverteilungsbild) in 60 cm Bodentiefe bereits 97 % aller sichtbaren Wurzeln angesiedelt.

„Laubgebüsche" und „Feldgehölze" mit Saumgesellschaften durchwurzeln den Boden bis zu einer Tiefe von 1,10 bis 1,30 m in gut erkennbaren Anteilen.

In der Grafik nicht mehr zu erkennen sind die Wurzelanteile bis zur Tiefe von 1,72 m bei „Laubgebüschen" und von 1,65 m bei „Feldgehölzen".

Die bei „extensiv genutztem Grünland" in großer Tiefe zu erkennenden Wurzelanteile sind auf den Anteil einzelner tief wurzelnder Kräuter wie Spitzwegerich, Löwenzahn und Sauerampfer zurückzuführen. Vegetationsspezifische Unterschiede in der Tiefendurchwurzelung zwischen Gräsern, Sträuchern und Bäumen werden sogar in terrestrischen Biomen nachgewiesen (CANADELL et al. 1996).

Damit natürliche Systeme, wie Wurzelsystemverbände (Abb. 8 bis 11), effizient arbeiten können, sind optimale Strukturen von großer Wichtigkeit, die einen optimalen Stoffaustausch mit der Umgebung gestatten (optimaler Wurzel/Boden-Kontakt). Es galt zu klären, wie sich die Strukturkomplexität unterschiedlicher Wurzelsystemverbände wiederum als Ganzheit quantifizieren lässt.

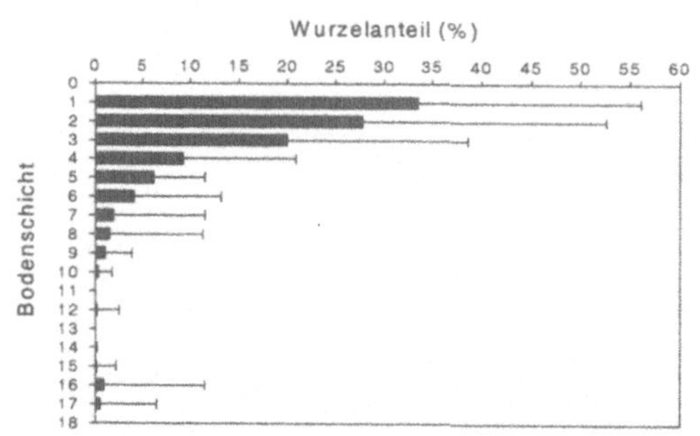

Abb. 4. Wurzelanteil pro Bodenschicht für zwei Pflanzengesellschaften des Biotoptyps „extensiv genutztes Grünland" eines mäßig frischen Standortes

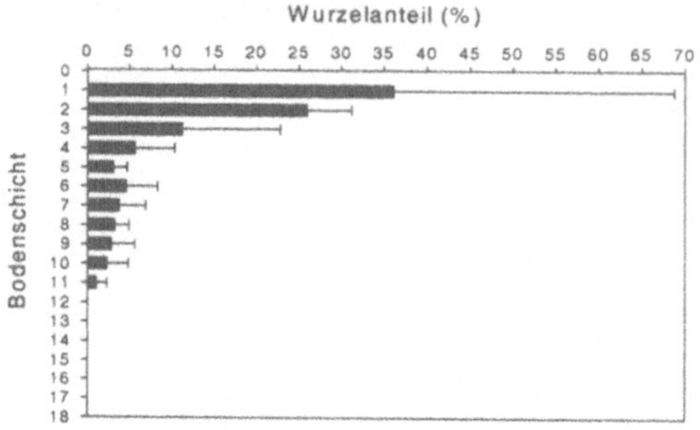

Abb. 5. Wurzelanteil pro Bodenschicht für drei Pflanzengesellschaften des Biotoptyps „Staudenfluren"

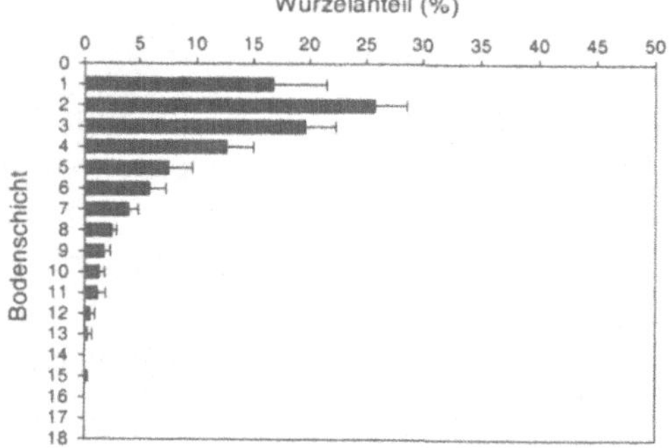

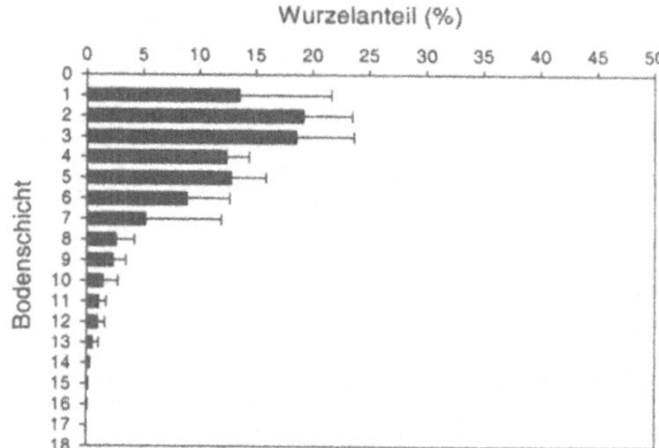

Abb. 6. Wurzelanteil pro Bodenschicht für vierzehn Pflanzengesellschaften des Biotoptyps „Laubgebüsch" (mit Saumgesellschaft)

Abb. 7. Wurzelanteil pro Bodenschicht für drei Pflanzengesellschaften des Biotoptyps „Feldgehölze" (mit Saumgesellschaft)

Da Wurzelsystemverbände auf Grund ihrer selbstähnlichen Verzweigungsstruktur fraktaler Gestalt sind, besteht die Möglichkeit, diese komplexen Systeme mittels fraktaler Dimension zu quantifizieren. Damit ergibt sich einerseits die Chance, Wurzelstruktureinheiten dieser Größe als Ganzheit mathematisch zu erfassen. Andererseits wird eine Vergleichbarkeit hergestellt, die Voraussetzungen für eine fachliche Beurteilung schafft. Von Interesse war es herauszufinden, ob es hinsichtlich der Strukturkomplexität von Wurzelsystemverbänden der untersuchten Pflanzengesellschaften überhaupt wesentliche Unterschiede gibt. Abbildung 12 veranschaulicht die Verteilung aller fraktalen Dimensionen der untersuchten Wurzelsystemverbände in Abhängigkeit von ihrer Biotopzugehörigkeit. Es ist zu erkennen, dass die f‑Dimensionen der Wurzelsystemverbände sich deutlich voneinander unterscheiden und einen relativ breiten Bereich (1,30 bis 1,80) überdecken. Es gibt somit Unterschiede in der Strukturkomplexität von Wurzelsystemverbänden, die sich als Ganzheit erfassen und quantitativ nachweisen lassen.

Abb. 8. Wurzelverteilungsbild einer Pflanzengesellschaft des Biotoptyps „extensiv genutztes Grünland"

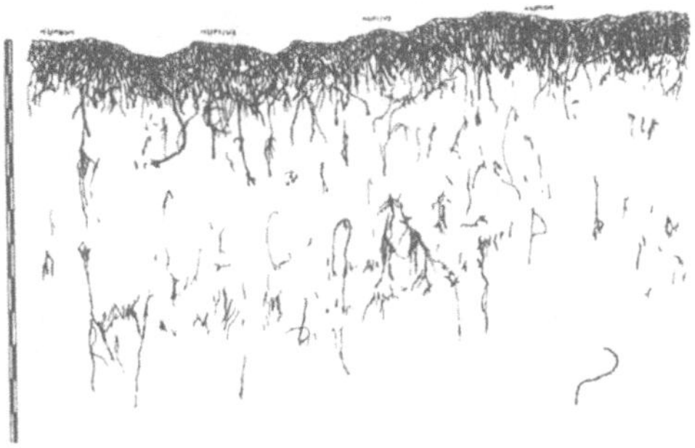

Abb. 9. Wurzelverteilungsbild einer Pflanzengesellschaft des Biotoptyps „Staudenfluren"

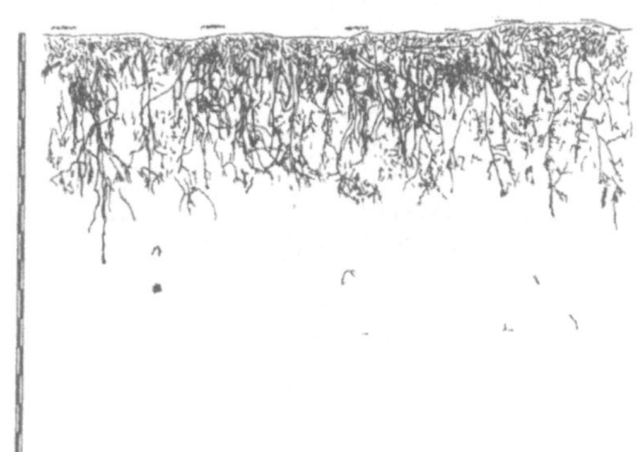

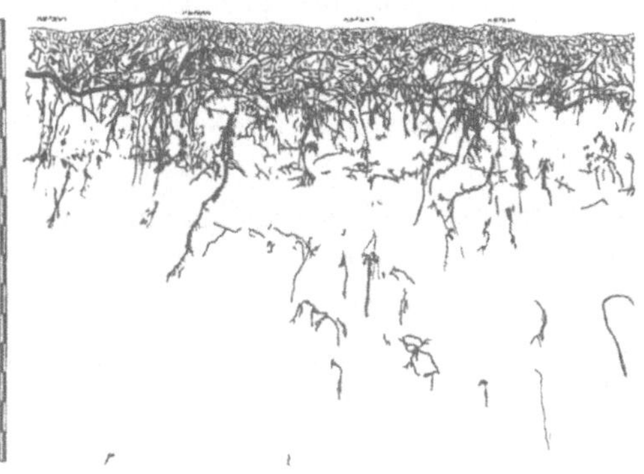

Abb. 10. Wurzelverteilungsbild einer Pflanzengesellschaft des Biotoptyps „aufgelassenes Grasland" (Landreitgrasbrache)

Abb. 11. Wurzelverteilungsbild einer Pflanzengesellschaft des Biotoptyps „Feldgehölze" (mit Saumgesellschaft)

Aus Abb. 12 ist zu ersehen, dass die Wurzelsystemverbände der Biotoptypen mit der größten Heterogenität in der Vegetationszusammensetzung (extensiv genutztes Grünland, Staudenfluren und Laubgebüsche mit unterschiedlichen Saumgesellschaften) in einem relativ breiten Bereich fraktaler Dimensionen vertreten sind. Die Wurzelsystemverbände der Biotoptypen „Feldgehölze" und „aufgelassenes Grasland", bestehend aus einer sehr einheitlichen Landreitgrasbrache, konzentrieren sich auf einen engeren Bereich an f - Dimensionen.

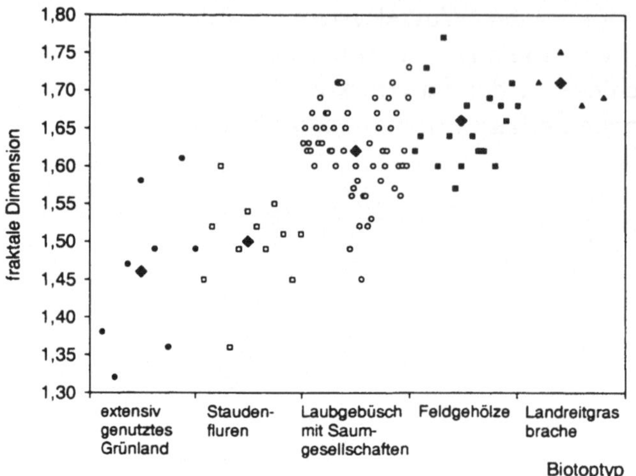

Abb. 12. Die Verteilung fraktaler Dimensionen von Wurzelsystemverbänden aller Pflanzengesellschaften nach ihrer Biotopzugehörigkeit

Im weiteren wurde die Zugehörigkeit aller Einzelmesswerte fraktaler Dimensionen von Wurzelsystemverbänden der untersuchten Pflanzengesellschaften zu Größenklassen der f - Dimensionen errechnet und grafisch dargestellt. Es ist gut zu erkennen, in welchem Größenklassenbereich die fraktalen Dimensionen der Wurzelsystemverbände der einzelnen Biotoptypen ihren Schwerpunkt haben, in welchem sie erheblich weniger vertreten sind und wie sich die Biotoptypen diesbezüglich voneinander unterscheiden (Abb. 13). Es zeigt sich sehr deutlich, dass die f - Dimensionen von Wurzelsystemverbänden der Biotoptypen „extensiv genutztes Grünland" und „Staudenfluren" gegenüber den anderen Biotoptypen auf niedrigere Größenklassen konzentriert sind und es tatsächlich biotopspezifische (bzw. vegetationsspezifische) Unterschiede in der Größenordnung der fraktalen Dimensionen von Wurzelsystemverbänden zu geben scheint.

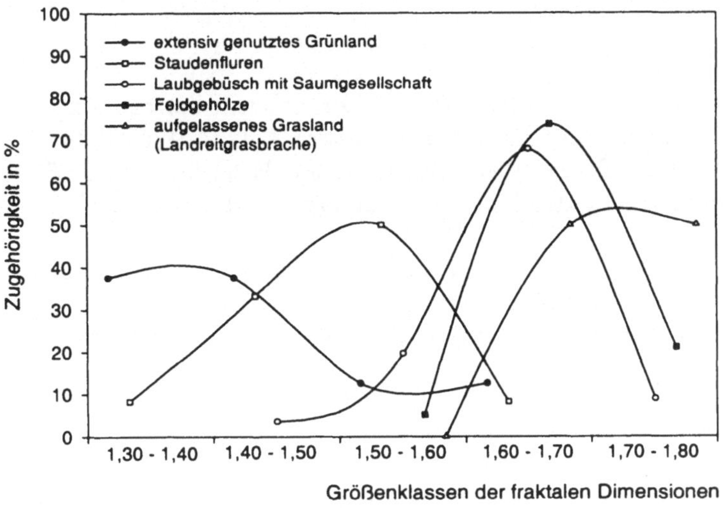

Abb. 13. Zugehörigkeitsbereiche der Wurzelsystemverbände unterschiedlicher Biotoptypen zu Größenklassen fraktaler Dimensionen

In Abb. 14 sind die Konfidenzgrenzen des jeweiligen biotopbezogenen Mittelwertes der f - Dimensionen der Wurzelsystemverbände dargestellt. Hier zeigt sich der interessante Umstand, dass die Unterschiede zwischen den f - Dimensionen der Wurzelsystemverbände einiger Biotoptypen sogar gesichert sind. Wie sich diese Unterschiede konkret äußern, kann erst dann beantwortet werden, wenn bekannt ist, welche Beziehungen zwischen der Struktur von Wurzelsystemverbänden und ihren grundlegenden Funktionen bestehen. Es ist somit unerlässlich, in weiteren Vergleichsuntersuchungen zum Wasser- und Nährstoffentzug von Wurzelsystemverbänden die Verknüpfung von Fraktalität und Funktionalität zu ergründen und mit Messdaten zu belegen.

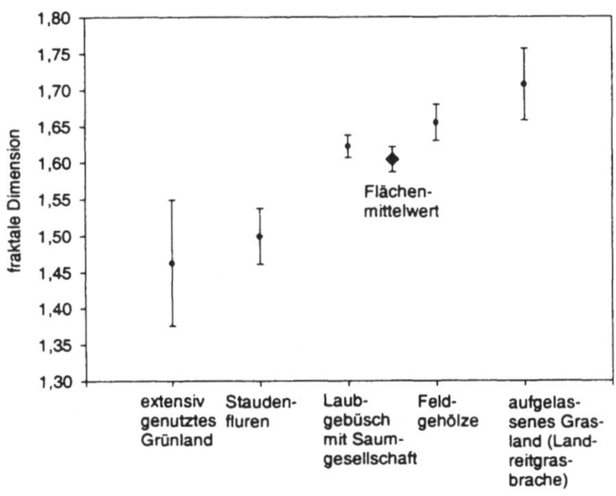

Abb. 14. Konfidenzgrenzen des jeweiligen biotopbezogenen Mittelwertes der fraktalen Dimensionen von Wurzelsystemverbänden unterschiedlicher Pflanzengesellschaften

Literaturverzeichnis

BLOCK, A.; VON BLOH, W.; SCHELLNHUBER, H. J., 1990: Efficient box-counting determination of generalized fractal dimensions. *Physical Review* A 42, 4, 1869-1874

CANADELL, J.; JACKSON, R.B.; EHLERINGER, J.R.; MOONEY, H.A.; SALA, O.E.; SCHULZE, E.D., 1996: Maximum rooting depth of vegetation types at the global scale. *Oecologia* 108, 583-595

EHLERS, W., 1996: Wasser in Boden und Pflanze; Dynamik des Wasserhaushalts als Grundlage von Pflanzenwachstum und Ertrag. Verlag Eugen Ulmer

HERZ, K., 1973: Beitrag zur Theorie der landschaftsanalytischen Maßstabsbereiche. *PGM*, 117, 91-96

JÜRGENS, H.; PEITGEN, H.-O.; SAUPE, D., 1996: Fraktale – eine neue Sprache für komplexe Strukturen. *Spektrum der Wissenschaft* 231

JACKSON, R. B.; CANDELL, J.; EHLERINGER, J.R.; MOONEY, H.A.; SALA, O.E.; SCHULZE, E.D., 1996: A global analysis of root distribution for terrestrial biomes. *Oecologia*, 108, 384-411

Wurzelinduzierte Bodenvorgänge
14. Borkheider Seminar zur Ökophysiologie des Wurzelraumes
Hrsg.: W. Merbach, K. Egle, J. Augustin.
B. G. Teubner - Stuttgart • Leipzig • Wiesbaden (2004), S. 29

DNA microarray analysis of primary metabolism in Fe-deficient *Arabidopsis* roots and shoots

Thomas J. BUCKHOUT

Applied Botany, Institute of Biology, Humboldt University Berlin, Invalidenstraße 42, D-10115 Berlin, e-mail: t.Buckhout@botany.de

Abstract

Gene expression in response to Fe deficiency was analyzed in *Arabidopsis* roots and shoots through the use of a cDNA collection representing at least 6,000 individual gene sequences. *Arabidopsis* seedlings were grown 1, 3, and 7 d in the absence of Fe, and gene expression in roots and shoots was investigated. The data were normalized with regard to radioactivity and the amount of DNA bound to the hybridization membrane. Several distinct changes in the expression of genes that encode metabolic enzymes were observed in response to three days Fe-deficient growth. In particular, the expression of the phosphate translocator gene and of genes encoding the glycolytic enzymes, hexokinase, an aldolase of either cytoplasmic or chloroplast origin, and a cytosolic pyruvate kinase, was greater in Fe-deficient shoots than in Fe-sufficient shoots. Furthermore, an increased expression of shoot genes encoding the malate-2-oxoglutarate translocator, a PEP carboxykinase, the phosphate translocator and a sucrose symporter, as well as the moderate induction of a gene that encodes the UDP-glucose pyrophosphorylase was observed. Increased activity of the oxidative pentose pathway in response to Fe deficiency was indicated by the increased expression of genes that encode a glucose-6-phosphate dehydrogenase and gluconate-6-phosphate dehydrogenase, and by a moderate but consistent induction of genes encoding several enzymes of the citric acid cycles. In roots, transcription of sequences corresponding to enzymes of anaerobic respiration (e.g. pyruvate decarboxylase, alcohol dehydrogenase and lactate dehydrogenase), for enzymes of the aspartate/threonine amino acid family and for ethylene biosynthesis and signal transduction were greatly increased. These observations lead to the conclusion that carbohydrates were being mobilized in shoots, presumably from starch and via the phosphate translocator for export to the roots in response to Fe deficiency. Analyses of enzyme activity and metabolite concentrations will be necessary to confirm this hypothesis.

2
Pflanzen-Mikroben-Interaktion

Wurzelinduzierte Bodenvorgänge
14. Borkheider Seminar zur Ökophysiologie des Wurzelraumes
Hrsg.: W. Merbach, K. Egle, J. Augustin.
B. G. Teubner - Stuttgart • Leipzig • Wiesbaden (2004), S. 33 - 38

Einfluß der Mykorrhizierung auf die Aktivität extrazellulärer Enzyme in der Rhizosphäre von Pappeln

Christel BAUM[1] und Katarzyna HRYNKIEWICZ[2]

[1] Institut für Bodenkunde und Pflanzenernährung, Universität Rostock, Justus-von-Liebig-Weg 6, D-18059 Rostock, Germany

[2] Dept. of Microbiology, N. Copernicus University, ul. Gagarina 9, PL-89-100 Torun, Poland

Abstract

The mycorrhizal colonization of *Populus trichocarpa* and *P. nigra* x *maximowiczii* and their effects on extracellular enzyme activities (protease, acid and alkaline phosphatase, arylsulphatase) were investigated at a short rotation coppice in North Germany. There were significant differences between the proportions of endo- and ectomycorrhizal colonization of fine roots of these popular clones. Endomycorrhizal colonization was significant higher on *P. nigra* x *maximowiczii*, whereas ectomycorrhizal colonization was significant higher on *P. trichocarpa*. There was a significant negative correlation between endo- and ectomycorrhizal colonization. Effects of different mycorrhizal colonization were found in the activities of extracellular enzymes of the P and S cycle of the soil. There were observed significant negative correlations between endomycorrhizal colonization and the activities of alkaline phosphatases ($r = -0.76$) and positive correlations with the arylsulphatase acitvity ($r = 0.80$) in the rhizosphere (Spearman correlations, $n = 20$, $P < 0.05$). There was a significant negative correlation between ectomycorrhizal colonization and arylsulphatase activity ($r = -0.53$). The results of this experiment suggest that clone-specific mycorrhizal colonization of poplar affects the soil nutrient cycles and should be taken into account for site-specific clone selection.

Einleitung

Populus-Arten können sowohl Endo- als auch Ektomykorrhiza ausbilden. Mykorrhizierung beeinflusst die Physiologie der Wirtspflanze, die Nährstoffverfügbarkeit in der Rhizosphäre und trägt zu einer Erweiterung des Nährstoffeinzugsbereiches der Pflanze bei (BAREA et al. 2002). Dadurch kann Mykorrhizierung zu einer signifikanten Steigerung der Biomasseproduktion von Pappelklonen beitragen (BAUM et al. 2000).

Pilze und Bakterien produzieren extrazelluläre Enzyme, die die organischen Substanz des Bodens zersetzen und dadurch Nährstoffe mobilisieren. Die Aktivitäten dieser Enzyme in der Rhizosphäre sind signifikant mit der Verfügbarkeit der Nährelemente korreliert. Daher geben die Enzymakitvitäten Aufschluss über Veränderungen in den Nährstoffkreisläufen (NASEBY et al. 1998). Die Besiedlungsdichten von Pilzen und Bakterien beeinflussen die Aktivität dieser Enzyme (KAYANG 2001). In der vorliegenden Untersuchung wurde der Einfluss der Besiedlungsdichte mykorrhizierender Pilze an den Feinwurzeln von zwei Pappelklonen auf die Aktivität extrazellulärer Enzyme der N-, P- und S-Kreisläufe in der Rhizosphäre geprüft.

Material und Methoden

Als Versuchsfläche diente eine Schnellwuchsplantage in Gülzow (M-V), welche mit Weiden- und Pappelklonen bestellt war, die in 3-jährigen Rotationen geerntet wurden und sich durch Stockaustrieb regenerierten. Zum Zeitpunkt der Beprobung waren die Stöcke 10 Jahre alt und die Sprosse einjährig. Die bodenchemischen und –physikalischen Parameter des Standortes sind in Tab. 1 zusammengefasst. Je Parzelle wurden im Mai und Oktober 2002 von je einem *Populus trichocarpa*-Klon und einem *P. nigra x maximowiczii*-Klon im Abstand von 1 m zueinander und 30 cm zum Stock 5 Boden- und Wurzelproben aus 0-10 cm Bodentiefe entnommen. Die Proben wurden in Plastikbeuteln transportiert und bis zur Analyse bei 4°C gelagert. Der Rhizosphärenboden wurde mit einem sterilen Skalpell von den Feinwurzeln getrennt und für die Analyse der Enzymaktivitäten verwendet. Danach wurden die Feinwurzeln unter dem Stereomikroskop gereinigt und auf die mykologischen Untersuchungen vorbereitet. Die Endomykorrhizierungsrate wurde nach der Methode von MCGONIGLE et al. (1990) und die Ektomykorrhizierungsrate nach der Methode von AGERER (1991) erfaßt.

Der pH Wert des Bodens wurde in 0.01 M $CaCl_2$ bei einem Boden: Lösungs-Verhältnis von 1 : 2,5 gemessen. Die Gesamtgehalte an Kohlenstoff und Stickstoff des Bodens wurden am CNS Analyser (FOSS HERAEUS VARIO EL) gemessen. Der Gesamtgehalt an Phosphor wurde nach der Methode von Dick and TABATABEI (1977) bestimmt. Die Textur des Bodens wurde nach GEE und BAUDER (1986) bestimmt.

Die Proteaseaktivität wurde in µg Amino-N, freigesetzt aus einer vorgegebenen Gelatinelösung in 1 g Boden innerhalb nach 15 h Inkubation bei 37°C, gemessen (µg Amino-N g^{-1}15 h^{-1}) (Beck 1973). Die alkalische und die saure Phosphataseaktivität wurden nach der Methode von TABATABEI und BREMNER (1969) und Eivazi and TABATABEI (1977) gemessen. Die Arylsulphataseakitvität wurde nach der Methode von TABATABEI und BREMNER (1970) gemessen. Diese Enzymaktivitäten wurden in µg p-Nitrophenol, freigesetzt aus einer vorgegebenen p-

Nitrophenylphosphat- (für die Phosphatasen) oder p-Nitrophenylsulphatlösung (für die Arylsulphatasen) in 1 g Boden nach 1 h Inkubation bei 37°C, gemessen (μg p-Nitrophenol $g^{-1} h^{-1}$).

Tab. 1. Bodenchemische und –physikalische Parameter des Standortes Gülzow

pH ($CaCl_2$)	C_{org}	N_t	P_t	Ton	Schluff	Sand
6,26	1,62	0,14	445	5	24	71

Alle Werte wurden mit der einfachen Varianzanalyse (ANOVA) auf den Effekt des Pappelklons bzw. auf den Effekt des Probenahmetermins geprüft. Die Werte der Mykorrhizierung wurden zur Erreichung der Normalverteilung vorher log (n+1)-transformiert.

Zur Prüfung der Zusammenhänge der Mykorrhizierungsraten mit der Aktivität der extrazellulären Enzyme wurden Spearman-Korrelationen durchgeführt. Alle statistischen Analysen wurden mit STATISTICA (StatSoft, Inc., 1995) ausgeführt.

Ergebnisse und Diskussion

Es bestanden signifikante Unterschiede in den Mykorrhizierungsraten der beiden untersuchten Pappelklone. TAGU et al. (2001) stellten auch bei enger verwandten Pappelklonen signifikante Unterschiede in der Mykorrhizierung fest und folgerten daraus, daß die Fähigkeit zur Mykorrhizabildung genetisch fixiert ist. Die Endomykorrhizierungsraten der Feinwurzeln der untersuchten Pappelklone waren signifikant negativ mit den Ektomykorrhizierungsraten korreliert (Tab. 2). Während *Populus trichocarpa* höhere Ektomykorrhizierungsraten aufwies, wurden an *P. nigra x maximowiczii* höhere Endomykorrhizierungsraten nachgewiesen (Abb. 1).

Die Endomykorrhizierungsraten beider Klone stiegen vom Frühjahr zum Herbst 2002, während die Ektomykorrhizierungsraten sanken.

Die Proteaseaktivität und die Aktivität der Phosphatasen in der Rhizosphäre der Pappelklone war im Frühjahr höher als im Herbst, während die Arylsulphataseaktivität an *Populus trichocarpa* im Frühjahr und Herbst keine signifikanten Unterschiede aufwies und an *P. nigra x maximowiczii* im Frühjahr signifikant niedriger war als im Herbst (Abb. 2).

Alle in der Rhizosphäre der Pappeln untersuchten Enzymaktivitäten waren enger mit den Endo- als mit den Ektomykorrhizierungsraten korreliert. Es konnte kein signifikanter Einfluss der Mykorrhizierungsraten auf die Proteaseaktivität und die Aktivität saurer Phosphatasen in der Rhizosphäre nachgewiesen werden. Für beide Pappelklone ergab sich eine signifikant negative Korrelation der Aktivität der alkalischen Phosphatasen in der Rhizosphäre mit den Endomykorrhizierungsraten. ANTIBUS et al. (1997) fanden in der Rhizosphäre von Ahorn ebenfalls reduzierte Aktivitäten alkalischer Phosphatasen bei erhöhten Endomykorrhizierungsraten. Ursache hierfür könnte die Ausbildung der Mykorrhizosphäre und der dadurch größere Nährstoffeinzugsbereich der Wirtspflanze sein. Dafür spricht, daß endomykorrhizierende Pilzarten als besonders effektiv in der Mobilisierung und dem Transport von Phosphor angesehen werden. Die Arylsulphataseaktivität in der Rhizosphäre war signifikant positiv mit den Endomykorrhizierungsraten und signifikant negativ mit den Ektomykorrhizierungsraten der untersuchten Pappelklone korreliert (Tab. 2).

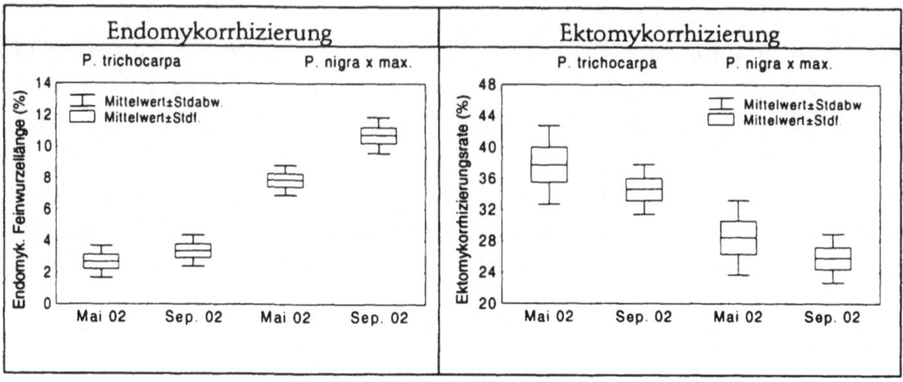

Abb. 1. Endo- und Ektomykorrhizierungsraten von *Populus trichocarpa* und P. *nigra x maximowiczii* im Frühjahr und Herbst 2002 auf der Schnellwuchsplantage Gülzow (Mittelwert ± Standardfehler und Standardabweichung)

Tab. 2. Korrelationen zwischen der Endo- und Ektomykorrhizierung sowie der Aktivität extrazellulärer Enzyme des N-, P- und S-Kreislaufs des Bodens in der Rhizosphäre von *Populus trichocarpa* und *P. nigra x maximowiczii* (n = 20, P < 0,05)

	AMF	ECM	Protease	Alk. Phos.	Sre. Phos.	Arylsulph.
AMF	1	- 0,69*	0,05	- 0,76*	- 0,44	0,80*
ECM		1	- 0,04	0,32	0,14	- 0,53*

* signifikant, AMF – arbuskuläre Endomykorrhizierung, ECM – Ektomykorrhizierung, Alk. Phos. – Aktivität der alkalischen Phosphatasen, Sre. Phos. – Aktivität der sauren Phosphatasen, Arylsulph. – Aktivität der Arylsulphatasen.

Die vorliegende Untersuchung belegt, daß Mykorrhizierungsraten die Aktivität extrazellulärer Enzyme des P- und S-Kreislaufs in der Rhizosphäre von Pappeln signifikant beeinflussen. Da es signifikante Klonunterschiede in den Mykorrhizierungsraten von Pappeln gibt, könnten diese zu einer standortangepaßten Klonwahl herangezogen werden.

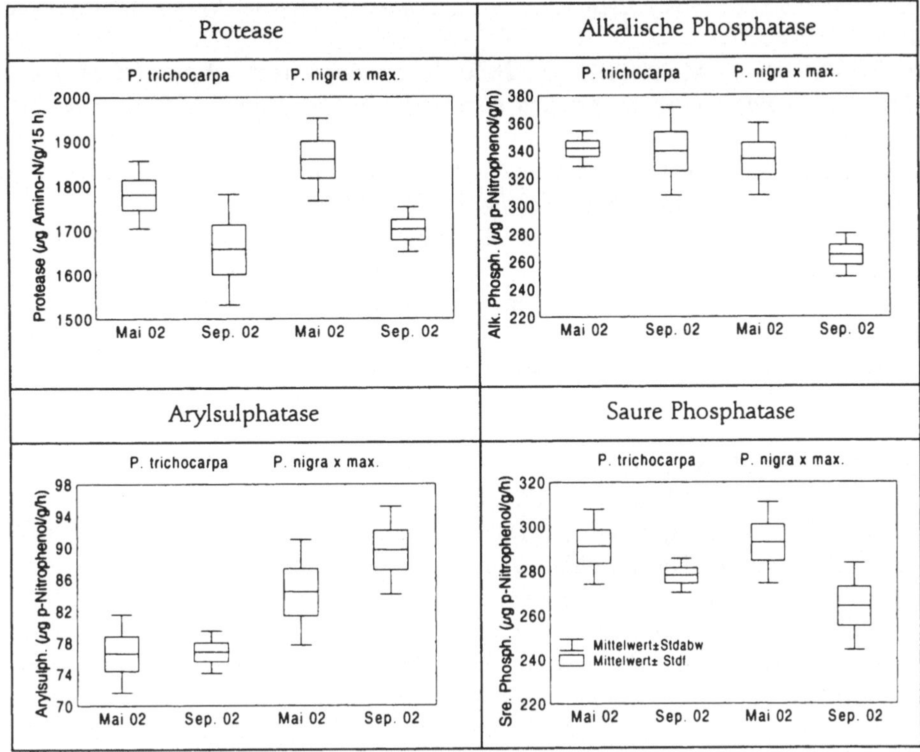

Abb. 2. Aktivität extrazellulärer Enzyme (Protease, alkalische und saure Phosphatase, Arylsulphatase) in der Rhizosphäre von *Populus trichocarpa* und *P. nigra* x *maximowiczii* im Frühjahr und Herbst 2002 auf der Schnellwuchsplantage Gülzow

Danksagung

Die Arbeit von C. Baum wurde finanziert durch ein Stipendium des Landes Mecklenburg-Vorpommern. Die Arbeit von K. Hrynkiewicz wurde finanziert durch eine Marie Curie Host Fellowship (HPMD-CT-2001-00078).

Literaturverzeichnis

Agerer, R. 1991: Characterisation of ectomycorrhiza. In: Norris J.R.; Read D.J.; Varma A.K. (eds) Techniques for the study of mycorrhiza. *Methods Microbiol.* 23, 25-73.

Antibus R.K.; Bower D.; Dighton J., 1997: Root surface phosphatase activities and uptake of ^{32}P-labelled inositol phosphate in field-collected gray birch and red maple roots. *Mycorrhiza* 7, 39-46.

BAREA, J.M.; GRYNDLER, M.; LEMANCEAU, P.; SCHÜEPP, H.; AZCÓN, R., 2002: The rhizosphere of mycorrhizal plants. In: GIANINAZZI, S.; SCHÜEPP, H.; BAREA J.M.; HASELWANDTER, K. (eds.): *Technology in Agriculture*. Birkhäuser Verlag, Switzerland, 1-18.

BAUM, C.; SCHMID, K; MAKESCHIN, F., 2000: Interactive effects of substrates and ectomycorrhizal colonization on growth of a poplar clone. *Journal of Plant Nutrition and Soil Science* 163, 221-226.

BECK, T., 1973: Über die Eignung von Modellversuchen bei der Messung der biologischen Aktivität von Böden. *Bayer Landw. Jb.* 50, 270-288.

DICK, W.A.; TABATABAI, M.A., 1977: An alkaline oxidation method for determination of total phosphorus in soils. *Soil Science Society of America Journal* 41, 511-514.

EIVAZI F.; TABATABEI M.A., 1977: Phosphatases in soils. *Soil Biological Biochemistry* 9, 167-172.

GEE, G.W.; BAUDER, J.W., 1986: Particle-size analysis. In: KLUTE, A. (ed): Methods of soil analysis. Part 1. 2nd ed. Agron. Monogr. 9. ASA and SSSA, Madison WI., 383–411.

KAYANG, H., 2001: Fungal and bacterial enzyme activities in *Alnus nepalensis* D. Don. *European Journal of Soil Biology* 37, 175-180.

MCGONIGLE, T.P.; MILLER, M.H.; EVANS, D.G.; FAIRCHILD, G.L.; SWAN, J.A., 1990: A new method which gives an objective measure of colonization of roots by vesicular-arbuscular mycorrhizal fungi. *New Phytologist* 115, 495-501.

NASEBY, D.C.; MOËNNE-LOCCOZ, Y.; POWELL, J.; O'GARA, F.; LYNCH, J.M., 1998: Soil enzyme activities in the rhizosphere of field-grown sugar beet inoculated with the biocontrol agent *Pseudomonas fluorescens* F113. *Biology and Fertility of Soils* 27, 39 – 43.

TABATABEI, M.A.; BREMNER, J.M., 1969: Use of p-nitrophenyl phosphate for assay of soil phosphatase acitvity. *Soil Biology and Biochemistry* 1, 301-307.

TABATABEI, M.A.; BREMNER, J.M., 1970: Arylsulphatase activity of soils. *Soil Science Society American Proceedings* 34, 225-229.

TAGU, D.; RAMPANT, P.F.; LAPEYRIE, F.; FREY-KLETT, P.; VION, P.; VILLAR, M., 2001: Variation in the ability to form ectomycorrhizas in the F1 progeny of interspecific poplar (*Populus* spp.) cross. *Mycorrhiza* 10, 237-240.

STATSOFT INC. 1995: STATISTICA for Windows. Tulsa, OK: StatSoft, Inc., 2300 East 14th Street, Tulsa, OK, 74104-4442, (918) 749-1119, Fax: (918) 749-2217, E-mail: info@statsoftinc.com.

Wurzelinduzierte Bodenvorgänge
14. Borkheider Seminar zur Ökophysiologie des Wurzelraumes
Hrsg.: W. Merbach, K. Egle, J. Augustin.
B. G. Teubner - Stuttgart • Leipzig • Wiesbaden (2004), S. 39 - 42

Plastiden bei der arbuskulären Mykorrhizasymbiose

Thomas FESTER

Institut für Pflanzenbiochemie, Weinberg 3, D-06120 Halle/Saale

Abstract

In arbuscular mycorrhizal symbioses, root cortical cell plastids catalyze central processes regarding the transported metabolites on the one hand and molecular building blocks for symbiotic structures on the other. These metabolic tasks correlate with a strong proliferation and structural changes of the organelles. Future work will address the molecular factors responsible for these metabolic and structural changes.

Einleitung

Die arbuskuläre Mykorrhizasymbiose entstand in der Zeit des Ordoviciums (REMY et al. 1994, REDECKER et al. 2000), als die ersten, noch sehr einfach gebauten Pflanzen das Festland eroberten. Heute ist diese Symbiose weltweit in den meisten Ökosystemen verbreitet. Mit Ausnahme einiger Standorte in der Arktis und Antarktis leben arbuskuläre Mykorrhizapilze in semiaquatischen ebenso wie in ariden, in tropischen ebenso wie in kalt-gemäßigten Ökosystemen (ALLEN 1996). Bei den Pflanzen betrifft die Symbiose heute mehr als 80 % aller Arten, darunter auch Vertreter der Bärlappgewächse, Farne oder Moose (READ et al. 2000). Die demgegenüber sehr kleine Gruppe symbiotischer Pilze wird in der Regel in die Ordnung *Glomales* innerhalb der Zygomyceten eingeordnet. Von zentraler Bedeutung für die Symbiose ist der Austausch von Nährstoffen zwischen den beiden Partnern: Die Pflanze versorgt den obligat biotrophen Pilz mit Kohlenhydraten, der Pilz verbessert die Versorgung der Pflanze mit Phosphat, Nitrat, Wasser und weiteren Nährelementen. Neben diesem Nährstoffaustausch wurden positive Effekte der Symbiose für das Pflanzenwachstum beschrieben, wie zum Beispiel eine erhöhte Widerstandskraft mykorrhizierter Pflanzen gegenüber biotischem und abiotischem Stress oder eine allgemeine Verbesserung der Bodenstruktur. Die An- oder Abwesenheit von Mykorrhizapilzen hat dementsprechend auch Folgen für die Artenzusammensetzung pflanzlicher Ökosysteme (VAN der HEIJDEN et al. 1998). Derartige Auswirkungen sind allerdings, wie auch die genannten Effekte, stark von den jeweiligen Standortbedingungen abhängig und nur schwer vorhersagbar. Sogar der die Symbiose prägende Nährstoffaustausch verläuft nicht zwangsläufig auf mutualistische Art und Weise, sondern kann unter bestimmten Umständen einen der beiden Partner benachteiligen (für eine weiter-gehende Einführung siehe zum Beispiel SMITH und READ 1997).

Mögliche Funktionen der Wurzelplastiden im Rahmen der arbuskulären Mykorrhizasymbiose

Auch in Chlorophyll-freien pflanzlichen Geweben spielen Plastiden eine wichtige Rolle bei der Biosynthese verschiedenster Verbindungen. Sie produzieren unter anderem Fettsäuren, Aminosäuren und Nukleotide, außerdem dienen sie als Speicher für Stärke und Ferritin-gebundenes Eisen. Im Rahmen dieser Aufgaben sind die Plastiden bei der arbuskulären Mykorrhiza direkt an der Bereitstellung bzw. Verarbeitung transportierter Nährstoffe beteiligt. Sie verfügen mit der Stärke über ein Reservoir für die dem Pilz zur Verfügung gestellten Kohlenhydrate, und sie übernehmen viele Reaktionen der Assimilation des vom Pilz angelieferten Nitrats, soweit dieses nicht unverändert in den Spross weitertransportiert wird. Außerdem liefern die Plastiden mit Fettsäuren, Aminosäuren und Nukleotiden auch wichtige Bestandteile der in den kolonisierten Wurzelzellen stark modifi-zierten cytologischen Strukturen.

Cytologische Veränderungen der Plastidenpopulationen in kolonisierten Wurzelzellen

Bei der Kolonisierung einer kortikalen Wurzelzelle nimmt die sich dichotom stark verzweigende Pilzhyphe einen großen Raum des Volumens der Wurzelzelle ein. Sie bildet eine bäumchenartige Struktur, die als Arbuskel der Symbiose ihren Namen gab. Das Cytosol der Pflanze und das des Pilzes bleiben dabei stets durch die Plasmamembranen von Pflanze (periarbuskuläre Membran) und Pilz sowie durch eine dünne interzelluläre Matrix zwischen diesen beiden Membranen ge-trennt. Wegen der großen Grenzfläche zwischen Pilz und Pflanze ist diese Struk-tur offensichtlich ideal für den Austausch verschiedener Nährstoffe geeignet. Für die periarbuskuläre Membran (der Pflanzenzelle) wurde bereits die Anwesenheit spezieller Transportsysteme gezeigt (z.B. GIANINAZZI-PEARSON et al. 2000, HARRI-SON et al. 2002).

Die Plastiden kortikaler Wurzelzellen lassen sich durch Immunmarkierung plas-tiden-lokalisierter Proteine visualisieren oder durch die Untersuchung transgener Pflanzen, bei denen Proteine wie das grün-fluoreszierende Protein (GFP) in die Plastiden importiert werden. Bei derartigen Untersuchungen zeigte sich sowohl für Mais (J. HANS, persönliche Mitteilung) als auch für Tabak (FESTER et al. 2001), dass die Plastiden in kolonisierten Zellen im Bereich der periarbuskulären Membran stark proliferieren und netzwerkartige Strukturen ausbilden. Die ent-sprechende starke Vergrößerung von Plastidenvolumen und Plastidenoberfläche sind möglicherweise Anzeichen eines stark gesteigerten Metabolismus der Plast-iden.

Untersuchungen zu Veränderungen des Metabolismus der Plastiden in mykorrhizierten Wurzeln

Untersuchungen zu Veränderungen im plastidären Metabolismus bei der Modellpflanze *Medicago truncatula* werden von uns zur Zeit vor allem auf Transkriptebene durchgeführt. Das Transkriptionsniveau relevanter Gene wird zunächst über einen Vergleich der verfügbaren EST-Sequenzen (Electronic Northern) für mykorrhizierte und nicht-mykorrhizierte Wurzeln verglichen. Gene, die dieser Analyse zufolge in mykorrhizierten und nicht-mykorrhizierten Wurzeln unterschiedlich stark abgelesen werden, werden anschließend mittels RealTime RT-PCR eingehender untersucht. Die erhaltenen Daten werden mit entsprechenden Daten aus einem "metabolite profiling" aus der Arbeitsgruppe "Chemie und Biochemie der Mykorrhiza" von Dr. W. SCHLIEMANN korreliert. Erste Ergebnisse deuten vor allem auf eine Aktivierung der Fettsäurebiosynthese und von Schritten der N-Assimilation in den Plastiden hin. Wesentlich sicherere Daten liegen bezüglich einer Aktivierung der Produktion von Apocarotinoiden in mykorrhizierten Wurzeln vor (KLINGNER et al.1995a, MAIER et al. 1995). Die Akkumulation von Apocarotinoiden führt bei vielen Pflanzen zu einer Gelbfärbung mykorrhizierter Wurzeln (KLINGNER et al. 1995b, FESTER et al. 2002a). Für diesen Plastidenlokalisierten Stoffwechselweg wurde eindeutig gezeigt, dass sowohl die Transkriptmengen einzelner Gene als auch der Umsatz des Stoffwechselweges in mykorrhizierten Wurzeln gesteigert sind (WALTER et al. 2000, FESTER et al. 2002b).

Zusammenfassung und Ausblick

Im Rahmen der arbuskulären Mykorrhizasymbiose katalysieren Plastiden zentrale Prozesse bei der Bereitstellung und Verarbeitung zu transportierender Metabolite und bei der Bereitstellung molekularer „building blocks" für den Aufbau der symbiotischen Strukturen. Diese metabolischen Leistungen gehen einher mit einer starken Proliferation und mit strukturellen Veränderungen der Organellen. In zukünftigen Arbeiten sollen die für die metabolischen und strukturellen Veränderungen verantwortlichen molekularen Faktoren näher charakterisiert werden.

Literaturverzeichnis

ALLEN, M.F., 1996: The ecology of arbuscular mycorrhizas: a look back into the 20th century and a peak into the 21st. *Mycological Research* 100, 769-782.

FESTER, T.; HAUSE, B.; SCHMIDT, D.; HALFMANN, K.; SCHMIDT, J.; WRAY, V.; HAUSE, G.; STRACK, D., 2002a: Occurrence and localization of apocarotenoids in arbuscular mycorrhizal plant roots. *Plant Cell Physiology* 43, 256-265.

FESTER, T.; SCHMIDT, D.; LOHSE, S.; WALTER, M.H.; GIULIANO, G.; BRAMLEY, P.M.; FRASER, P.D.; HAUSE, B.; STRACK, D., 2002b: Stimulation of carotenoid metabolism in arbuscular mycorrhizal roots. *Planta* 216, 148-154.

FESTER, T.; STRACK, D.; HAUSE, B., 2001: Reorganization of tobacco root plastids during arbuscule development. *Planta* 213, 864-868.

GIANINAZZI-PEARSON, V.; ARNOULD, C.; OUFATTOLE, M.; ARANGO, M.; GIANINAZZI, S., 2000: Differential activation of H+-ATPase genes by an arbuscular mycorrhizal fungus in root cells of transgenic tobacco. *Planta* 211, 609-613.

HARRISON, M.J.; DEWBRE, G.R.; LIU, J., 2002: A phosphate transporter from Medicago truncatula involved in the acquisition of phosphate released by arbuscular mycorrhizal fungi. *Plant Cell* 14, 2413-2429.

KLINGNER, A.; BOTHE, H.; WRAY, V.; MARNER, F.J., 1995a: Identification of a yellow pigment formed in maize roots upon mycorrhizal colonization. *Phytochemistry* 38, 53-55.

KLINGNER, A.; HUNDESHAGEN, B.; KERNEBECK, H.; BOTHE, H., 1995b: Localization of the yellow pigment formed in roots of gramineous plants colonized by arbuscular fungi. *Protoplasma* 185, 50-57.

MAIER, W.; PEIPP, H.; SCHMIDT, J.; WRAY, V.; STRACK, D., 1995: Levels of a terpenoid glycoside (blumenin) and cell wall-bound phenolics in some cereal mycorrhizas. *Plant Physiology* 109, 465-470.

READ, D.J.; DUCKETT, J.G.; FRANCIS, R.; LIGRONE, R.; RUSSELL, A., 2000: Symbiotic fungal associations in 'lower' land plants. *Phil. Trans R. Soc. Lond. B* 355, 815-831.

REDECKER, D.; KODNER, R.; GRAHAM, L.E., 2000: Glomalean fungi from the Ordovician. *Science* 289, 1920-1921.

REMY, W.; TAYLOR, T.N.; HASS, H.; KERP, H., 1994: Four hundred-million-year-old vesicular arbuscular mycorrhizae. *Proceedings of the National Academy of Sciences of the United States America* 91, 11841-11843.

SMITH, S.E.; READ, D.J., 1997: Mycorrhizal Symbiosis. Academic Press, London.

VAN DER HEIJDEN, M.G.A.; KLIRONOMOS, J.N.; URSIC, M.; MOUTOGLIS, P.; STREITWOLF-ENGEL, R.; BOLLER, T.; WIEMKEN, A.; SANDERS, I.R., 1998: Mycorrhizal fungal diversity determines plant biodiversity, ecosystem variability and productivity. *Nature* 396, 69-72.

WALTER, M.H.; FESTER, T.; STRACK, D., 2000: Arbuscular mycorrhizal fungi induce the non-mevalonate methylerythritol phosphate pathway of isoprenoid biosynthesis correlated with accumulation of the 'yellow pigment' and other apocarotenoids. *Plant Journal* 21, 571-578.

Wurzelinduzierte Bodenvorgänge
14. Borkheider Seminar zur Ökophysiologie des Wurzelraumes
Hrsg.: W. Merbach, K. Egle, J. Augustin.
B. G. Teubner - Stuttgart • Leipzig • Wiesbaden (2004), S. 43 - 49

Quantification of water uptake by hyphae with split-root-hyphae system in barley under drought

Ali M. KHALVATI, Yuncai HU and Urs SCHMIDHALTER

Institute of Plant Science, Chair of Plant Nutrition, Technical University Munich, Am Hochanger 2, D-85354 Freising

Abstract

Experiments were carried out to determine the effects of vesicular-arbuscular mycorrhizal fungi (VAM) on water uptake and on drought acclimation of the host plant and to quantify water uptake by hyphae in barley (*Hordeum vulgare* L. cv. Scarlet). Four treatments (drought and well-watered with VAM and without VAM plants) (*Glomus intraradices*) were induced in this experiment. The initial gravimetric soil water content in the plant and hyphae compartments was 23 %. Plants grew for 94 days. The results from this experiment are as follows:

The gravimetric soil water content in hyphae compartments was on average 2-4 % lower than in the same compartments in non-VAM plants (control) in comparison to the initial soil water content. Differences in the gravimetric soil water content of the hyphae compartment in the VAM plants as compared to the non-VAM plants might be due to water uptake of extra radical hyphae from hyphae compartment and may have improved plant drought tolerance. The root colonization with mycorrhizal fungus improved water relation parameters in VAM plants at least 3 weeks after sowing.

Introduction

Vesicular-arbuscular mycorrhizal fungus (VAM) may increase drought resistance of host plants due to several mechanisms, including increased water uptake by hyphal extraction of soil water (HARDIE 1985), decreased stomatal sensitivity to leaf-air vapour pressure deficit (HUANG et al. 1985), regulated stomatal conductance in response to hormonal signals (ALLEN 1982). Despite the importance of external hyphae for water and nutrient uptake, few researchers attempted to quantify VAM hyphae in soil. Techniques that have been developed to quantify VAM hyphae include direct measurement of hyphae on root surfaces. This project tries to answer the question how much water is taken up by hyphae and whether hyphal extraction contributes to water uptake by plants? The main question is: Is improved plant growth under drought due to the contribution of mycorrhizal fungi to water uptake? The main objectives are to quantify water uptake in split-root hyphae systems and to test whether smaller-sized plants better tolerate drought conditions.

Materials and methods

Construction of split-root-hyphae system chamber

Split-root-hyphae system were made of plexiglas and consisted of two soil compartments separated with nylon net (with 30 μm pore size) and air gap (Figure 1).

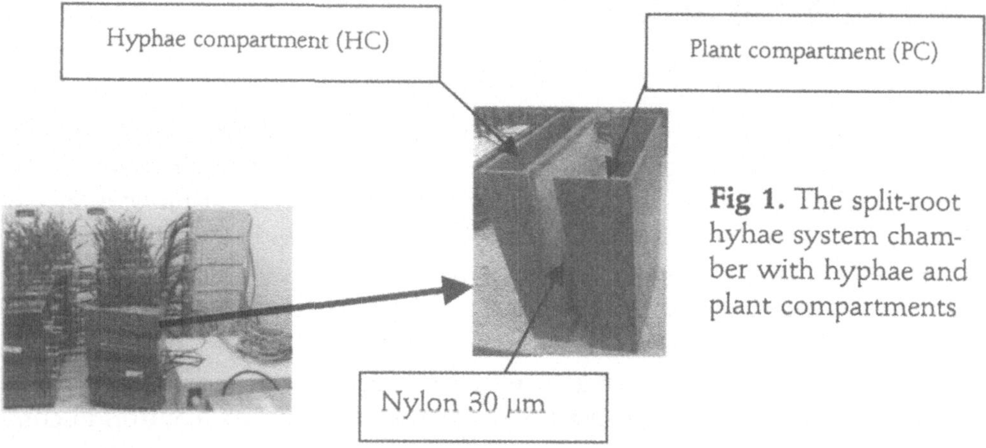

Fig 1. The split-root hyhae system chamber with hyphae and plant compartments

The air gap with 5 mm is efficient to prevent water diffusion and mass flow from the plant compartment.

Root colonization studies

The VAM-colonized roots were stained with hot staining (KROMANIK and MCGRAW 1982). One-hundred 1 cm root segments per treatment were examined for hyphae. Root mycorrhization was determined at the end of the experiments.

Physiological responses

Leaf water (LWP) and osmotic potential (LOP) were measured at the end of each drying cycle using a Scholander bomb (SCHOLANDER et al. 1964) with N_2 gas. To determine leaf osmolality, plant sap was analyzed by using a osmometer (VAPROtm Model 5520, Wescor Inc, Germany).

At the end of each drying cycle, leaf relative water content (RWC) was determined by using the formula RWC = (FW-DW / TW-DW) X 100, where FW is fresh weight, DW is leaf dry weight and TW is leaf turgid weight.

Leaf net photosynthesis rate was measured by using a porometer (Lci Console ADC Bioscientific Limited, England).

Results

Gravimetric soil water content in plant/hyphae compartment

The gravimetric soil water content status of the plant compartment in seven drying cycles is shown in Figure 2. Gravimetric soil water content in hyphae compartments is shown in Figure 3. The gravimetric soil water content values show that the initial gravimetric soil water content is reduced by about 2-4 % in the hyphae compartment (HC).

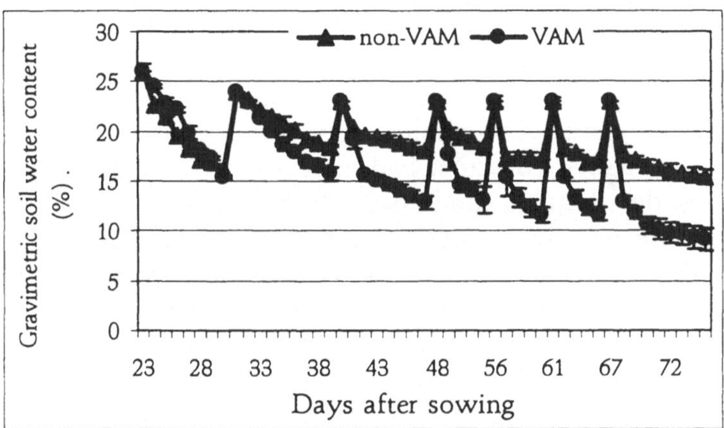

Fig 2. Gravimetric soil water content in plant compartment under drought conditions (error bars indicate standard deviations)

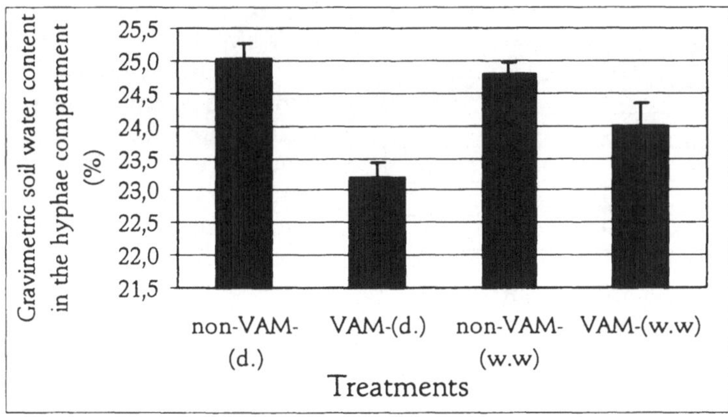

Fig 3. Hyphae compartment gravimetric soil water content of VAM changed during 90 days compared to non-VAM chambers under well-watered (w.w) and drought (d.) conditions (error bars indicate standard deviation)

Leaf water relations

The leaf relative water content (RWC) in VAM and non-VAM plants under drought and well-watered conditions is shown in Figure 4. Leaf relative water content in the VAM plants was higher than in non-VAM plants throughout the drying cycles in both treatments.

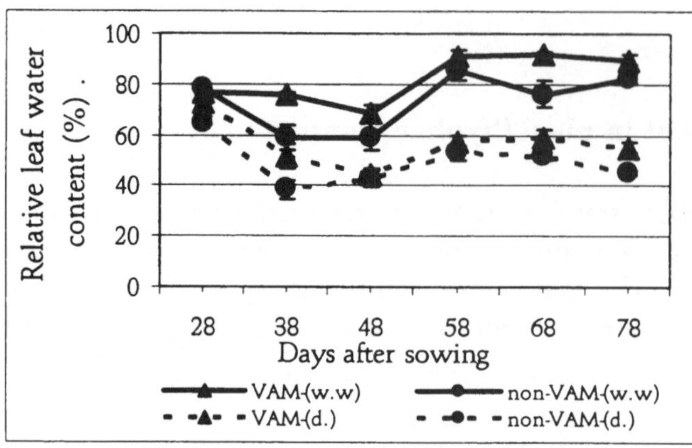

Fig 4. Interactive effect of VAM on relative leaf water content in VAM and non-VAM plants under well-watered (w.w) and drought (d.) conditions (error bars indicate standard deviations

Leaf water potential in VAM and non-VAM plants under well-watered and drought conditions is shown in Figure 5. Leaf water potentials were different between VAM and non-VAM plants. The results show that actually VAM and non-VAM plants under well-watered condition had higher water potentials (less negative) than as plants under drought conditions. Under drought conditions, VAM plants had lower (more negative) water potentials than non-VAM plants during the whole drying cycles. Interactive effect of VAM on leaf stomatal conductance $g_{(s)}$, leaf respiration (Re) and net photosynthesis rate (A) under well watered and drought conditions were measured during the last 20 days to assess the progressive drought effects on VAM and non-VAM plants.

The leaf net photosynthesis rate results are shown in Figure 6. During the drying

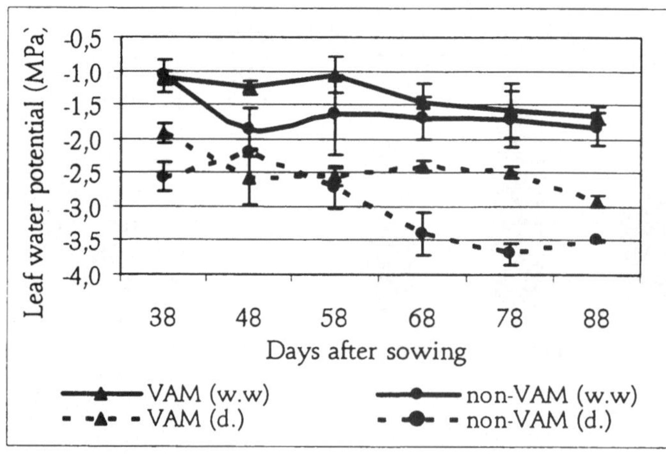

Fig 5. Interactive effect of VAM on relative water potential VAM and non-VAM plants under well-watered (w.w) and drought (d.) conditions (error bars indicate standard deviations

conditions, VAM-plants often maintain higher stomatal conductance $g_{(s)}$ and actually leaf respiration became higher than in similarly sized non-VAM plants. In the same time net photosynthesis rate (A) in VAM plants was relatively higher than in non-VAM plants. At reduced soil water contents mycorrhizal plants maintained higher g(s), transpiration and leaf water potential than non-VAM plants.

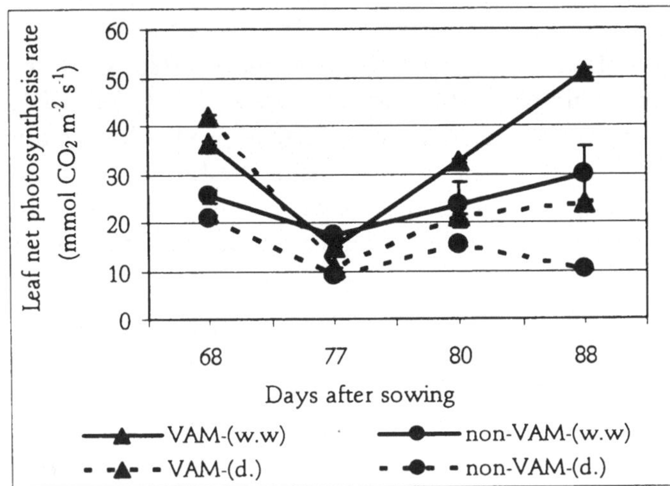

Fig 6. Interactive effect of VAM on leaf photosynthesis rate in VAM and non-VAM plants under well-watered (w.w) and drought (d.) conditions (error bars indicate standard deviations)

Biomass

The results of the interactive effects of VAM on fresh weight of shoots in non-VAM plants and VAM plants are shown in Figure 7. Shoot fresh weight values were markedly different. The yield component in VAM plants was much higher in VAM-plants under both well watered and drought conditions.

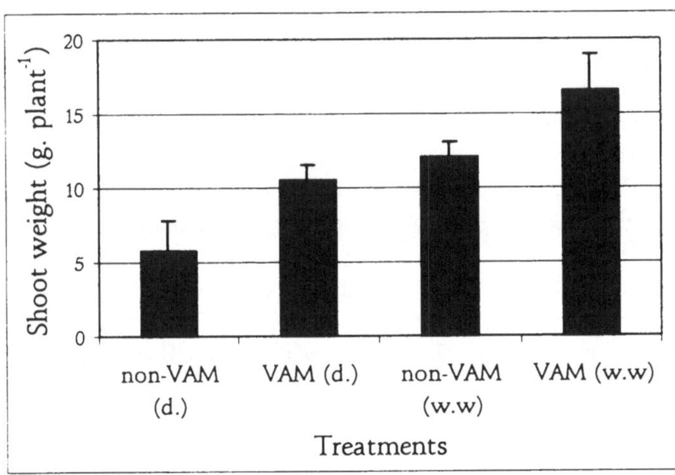

Fig 7. Interactive effect of VAM on shoot fresh weight in non-VAM and VAM plants under well-watered (w.w) and drought (d.) conditions (error bars indicate standard deviations)

Discussion

Seven drying cycles totally were induced in plant compartments during the 90 days period of this experiment. The gravimetric soil water content in the hyphae compartment in VAM plants was 2-5 % lower than in non-VAM plants. The reason might be due to a more efficient water uptake by VAM plants.

It seems that extraradical hyphae contribute to plant water uptake from this compartment particularly under drought conditions. There is excellent evidence

48

to demonstrate that external hyphae of mycorrhizal fungi support water uptake for plant (MOSSE and HAYMAN 1971, BUSSE and ELLIS 1985, HUANG et al. 1985). Root colonization with *G. intraradices* in barley had a beneficial effect on host-plant drought tolerance by maintaining higher (less negative) LWP and LOP, higher RWC, higher net photosynthesis rate that cause higher production of dry mass, higher P content during drought. Our data agree with the finding of other studies (FITTER 1988, SYLVIA 1986), which showed that colonization by VAM fungi improved water relation and plant drought tolerance under drought conditions.

Mycorrhizal colonization does affect the water relations of plants, eventually by increased photosynthesis, or elevated cytokinin levels, which stimulate stomatal openings. Stomatal conductance and transpiration were higher in VAM plants than in non-VAM plants in both well watered and drought conditions. This result is also reported by other scientists (ALLEN 1982, READ and BOYD 1986, NELSEN 1987, GUPTA 1991, KOIDE 1993, SANCHEZ- DIAZ and HONRUBIA 1994, AUGE 2000). In about 80% of mycorrhizal studies reporting plant growth during drought, VAM plants were larger than non-VAM plants, which seem to suggest an important role for VAM fungi in promoting the drought resistance of their hosts.

References

ALLEN, M.F., 1982: Influence of vesicular-arbuscular mycorrhizae on water movement through *Bouteloua gracilis* (H.B.K.) Lag Exsteud. *New Phytologist* 91, 191-196.

AUGE, R.M., 2000: Stomatal behaviour of arbuscular mycorrhizal plants. In: KAPULNIK, Y.; DOUDS, D. (eds) : *Mycorrhizal symbiosis, molecular biology and physiology*. Kluwer, Dordrecht, The Netherlands 201-237.

BUSSE, M.D.; ELLIS, J.R., 1985: Vesicular-arbuscular mycorrhizal (*Glomus fasciculatum*) influence on soybean drought tolerance in high phosphorus soil. *Canadian Journal of Botany* 63, 2290-2294.

ELLIS, J.R.; LARSEN, H.J.; BOOSALIS, M.G., 1985: Drought resistance of wheat plants inoculated with vesicular-arbuscular *mycorrhizae. Plant and Soil* 86, 369-378.

FITTER, A.H., 1988: Water relations of red clover *Trifolium pratense* L. as affected by VA mycorrhizal infection and phosphorus supply before and during drought. *Journal of Experimental Botany* 3, 595-603.

GUPTA, R.K., 1991: Drought response in fungi and mycorrhizal plants. *Handb. Appl. Mycol* 1, 5575.

HARDIE, K., 1985: The effect of removal of extraradical hyphae on water uptake by vesicular mycorrhizal plants. *New Phytologist* 101, 677-684.

HUANG, R.S.; SMITH, W.K.; YOST, R.S., 1985: Influence of vesicular-arbuscular mycorrhiza on growth, water relations and leaf orientati.on in *Leucaena leucocephala* (Lam.) de Wit. *New Phytologist* 99, 229-243.

KOIDE, R., 1993: Physiology of the mycorrhizal plant. *Advances Plant Pathology* 9, 33-54.

KORMANIK, P.P.; MCGRAW, A.C., 1982: Quantification of vesicular-arbuscular mycorrhizae in plant roots. In: SCHENCK, N.C. (eds.): *Methods and Principles of Mycorrhizal Research.* St. Paul, MI, USA, The American Pytopathological Society, 37-45..

MOSSE, B.; HAYMAN, D.S., 1971: Plant growth responses to vesicular-arbuscular mycorrhiza. II. In unspecialised field soils. *New Phytologist* 70, 29-34.

NELSEN, C.E., 1987: The water relations of vesicular-arbuscular mycorrhizal systems. In: SAFIR GR (ed) Ecophysiology of VA mycorrhizal plants. *CRC, Boca Raton, Fla,* 71-91.

READ, D.J.; BOYD, R., 1986: Water relations of mycorrhizal fungi and their host plants. In: AYRES, P; BODDY. L. (eds) *Water, fungi and plants.* Cambridge University Press, Cambridge, UK 287-303.

SANCHEZ-DIAZ, M.; HONRUBIA, M., 1994: Water relations and alleviation of drought stress in mycorrhizal plants. In: GIANINAZZI, S; SCHÜEPP, H., (eds.): *Impact of arbuscular mycorrhizas on sustainable agriculture and natural ecosystems.* Birkhäuser, Boston 167-178.

SYLVIA, D.M., 1986: Spatial and temporal distribution of vesicular-arbuscular mycorrhizal fungi associated with *Uniola paniculata* in Florida foredunes. *Mycologia* 78, 728-734.

SCHOLANDER, P.J.; HAMMEL, H.I.; HEMINGSEN, E.A.; BRADSTREET, E.D., 1964: Hydraulic pressure and osmotic potential in leaves of mangroves and some other plants. *Proceedings of the National Academy of Sciences of the United States America* 52, 119-125.

Wurzelinduzierte Bodenvorgänge
14. Borkheider Seminar zur Ökophysiologie des Wurzelraumes
Hrsg.: W. Merbach, K. Egle, J. Augustin.
B. G. Teubner - Stuttgart • Leipzig • Wiesbaden (2004), S. 50 - 55

Kultivierungsunabhängige Analyse des Einflusses von Chlorpyrifos auf die mikrobielle Lebensgemeinschaft einer Ackerbrache

Andreas LIEBER, Bärbel KIESEL und Wolfgang BABEL

Sektion Umweltmikrobiologie, UFZ – Umweltforschungszentrum Leipzig-Halle GmbH, Permoser Straße 15, D-04318 Leipzig, Deutschland

Abstract

We investigated the effect of Chlorpyrifos on a bacterial community. In accordance with results of other groups treatment with Chlorpyrifos in normal concentrations seems to be without influence on the majority of bacteria. But in contrast to previous results we found by SSCP-fingerprinting that few bacteria among *Arthrobacter* and *Klebsiella/Serratia* were influenced over few months. The sequence behind the increased bands 1 and 2 in two *Arthrobacter*-fingerprints (Abb. 1) matched *Arthrobacter sulfureus* with a similarity of 100%. The decreased band 1 of *Klebsiella/Serratia*-fingerprints (Abb. 2) in summer was identified as an uncultured agricultural soil bacterium. The increased band 2 seems to be another uncultured bacterium. No shifts were found for *Pseudomonas* and *Streptomyces*. So it seems that some species benefited from this treatment whereas other species were inhibited. Now the following question arises. Are direct or indirect influences on soil bacteria responsible for changes in the community?

Einleitung

Eine Langzeitapplikation des Insektizides Chlorpyrifos beeinflusst die natürliche Sukzession von Ackerbrachen (SCHÄDLER 2001). Es wurde eine Verschiebung der Dominanzhierarchie innerhalb der Pflanzengemeinschaft sowie eine Abnahme der Populationsdichte und Artenzusammensetzung vieler Invertebrata gegenüber nicht behandelter Ackerbrache festgestellt. Diese Effekte sind vermutlich Folgen des Ausschlusses von wurzelbürtigen Fraßinsekten. Hat Langzeitapplikation von Chlorpyrifos auch einen Einfluss auf bakterielle Lebensgemeinschaften? Bisherige Ergebnisse (ABDEL-KADER et al. 1978, TU 1978, 1980, 1981, MOAWAD et al. 1979, SIVASITHAMPARAM 1969) legen den Schluss nahe, dass Chlorpyrifos, in agrochemisch-relevanten Konzentrationen appliziert, ohne Einfluss auf die Bakteriozönose ist. Mit der Etablierung hochsensitiver molekularbiologischer Methoden müssen die Fragen nach der Beeinflussung mikrobieller Lebensgemeinschaften in natürlichen Ökosystemen neu gestellt werden.

Der Einfluss von Chlorpyrifos könnte sowohl direkter als auch indirekter Natur sein. Das Insektizid könnte auf einzelne Mitglieder der mikrobiellen Lebensgemeinschaft ohne Wirkung sein oder toxisch wirken oder als Substrat dienen. Durch den Ausschluss von wurzelherbivoren Insekten könnten sich aber auch sowohl Menge und Zusammensetzung von Wurzelexsudaten und Lysaten in der Rhizosphäre ändern. Infolgedessen sind auch indirekte Wechselwirkungen zu berücksichtigen.

Die Untersuchung von Teilpopulationen der bakteriellen Lebensgemeinschaft erfolgte mittels einer adaptierten SSCP-Technik (LIEBER et al. 2003) anhand von 16S rDNA Fragmenten.

Es wurden *Arthrobacter, Klebsiella, Serratia, Pseudomonas* (sensu stricto) und *Streptomyces* analysiert. Vertreter dieser Gattungen können in vielen Böden nachgewiesen werden. Sie sind autochthon, nutzen eine Vielfalt an Substraten oder sind als Pflanzenwachstum-fördernde Bakterien bekannt.

Material und Methoden

Es wurden Bodenproben (30 g, 2-7 cm tief) von einem Langzeit-Feldversuch in Bad Lauchstädt (Mitteldeutschland) entnommen.

Die Gesamt-DNA wurde direkt isoliert und analysiert (LIEBER et al. 2003). Für die Amplifikation bakterieller 16S rRNA-Gene wurden gruppenspezifische Primer für eine PCR und die Universalprimer 515f und 927r (*E. coli*-Position) für eine nested PCR verwendet (Tab. 1 und 2).

Die Primer wurden mit Hilfe des ARB-Softwarepaketes abgeleitet und anhand von BLAST (www.ncbi.nlm.nih.gov/BLAST) auf Spezifität geprüft.

Relevante Banden wurden aus silbergefärbten SSCP-Gelen nach der "Crush and Soak" Methode (SAMBROOK et al. 1989) isoliert. Die DNA-Extrakte wurden mit den gleichen Primern und unter den selben Bedingungen wie vorhergehend beschrieben reamplifiziert.

Die Reamplifikate wurden kloniert (Qiagen PCR Cloning plus Kit, Qiagen, Deutschland) und die Inserts mit M13-Primern amplifiziert. Die PCR-Produkte wurden gereinigt (E.Z.N.A. Cycle Pure Kit, PEQlab, Deutschland). Die gereinigten PCR-Produkte wurden mit M13-Primern per Cycle Sequencing (ABI Prism BigDye Terminator Cycle Sequencing Ready Reaction Kit) auf einem ABI Prism 310 Genetic Analyzer sequenziert und mit Hilfe der Autoassembler-Software zusammengefügt.

Table 1. PCR-Primer zur Amplification von SSU rRNA-Genen

Primer	Sequenz (5´-3´)	Spezifität	Quelle
KlebSerr94f	GTG ACG AGC GGC GGA C	*Klebsiella/Serratia*	abgeleitet, diese Arbeit
Ps292f	GGT CTG AGA GGA TGA TCA GT	*Pseudomonas*	Widmer et al. 1998
Arthro1252r	GCT CCA CCT CAC AGT ATC GC	*Arthrobacter*	abgeleitet, diese Arbeit
Strep966r	GCG TCG AAT TAA GCC ACA	*Streptomyces*	Wellington et al. 1992
UniBac342f	CTA CGG GAG GCA GCA GT	*Bacteria*	mod. Lane 1991
UniBac515f	GTG CCA GCA GCC GC	*Bacteria*	mod. Schwieger et al. 1998
UniBac927r	CCC GTC AAT TYM TTT GAG TT	*Bacteria*	mod. Schwieger et al. 1998

Table 2. PCR-Primerpaare und Konditionen für die Amplifikation von SSU rRNA-Genen

Primerpaar		E.coli Position		Annealing Temperatur (°C)
KlebSerr94f	- UniBac927r	94 bis 927	~ 833 bp	58
Ps292f	- UniBac927r	292 bis 927	~ 635 bp	58
UniBac342f	- Arthrob1252r	342 bis 1252	~ 910 bp	61
UniBac342f	- Strep966r	342 bis 966	~ 624 bp	56
UniBac515f	- UniBac927r	515 bis 927	~ 412 bp	53

Datenbankvergleich und Identifizierung der Sequenzen erfolgte anhand der BLASTN-Software (www.ncbi.nlm.nih.gov/BLAST) und des ‚Sequence Match tool' (www.cme.msu.edu/RDP) des Ribosomal Database Project.

Ergebnisse

Die Applikation von Chlorpyrifos während der Sukzession einer Ackerbrache hat einen nachweisbaren Einfluss auf die bakterielle Lebensgemeinschaft. Während für *Streptomyces* und *Pseudomonas* kein signifikanter Einfluss nachgewiesen werden konnte (Daten nicht gezeigt), zeigten SSCP-Fingerprints behandelten Bodens von *Arthrobacter*, *Klebsiella* und *Serratia* veränderte Bandenmuster gegenüber unbehandeltem Boden (Abb. 1 und 2).

In den Fingerprints von *Arthrobacter* (Abb.1) ist zum Zeitpunkt der Probenahmen im Frühjahr und Hochsommer jeweils eine Bande im Chlorpyrifos behandelten Boden verstärkt. Im Herbst ist keine signifikante Veränderung nachweisbar. Die Banden 1 und 2 (Abb. 1) sind identisch und entsprechen zu 100% *Arthrobacter sulfureus*-16S-rDNA (je 12 Klone). In den Fingerprints von *Klebsiella* und *Serratia* (Abb. 2) ist zum Zeitpunkt der Probenahmen im Frühjahr keine Veränderung nachweisbar. Im Hochsommer ist eine Bande (Abb. 2, Bande 1) im Chlorpyrifos behandelten Boden abgeschwächt. Demgegenüber tritt im Herbst eine sehr schwache Bande (Abb. 2, Bande 2) im behandelten Boden neu hervor. Die Bande 1 in den Mustern von *Klebsiella / Serratia* ist keinem bisher isolierten Bakterium zuzuordnen, sie korrespondiert zu 97% mit dem GenBank-Eintrag AJ252663 (Agricultural soil bacterium clone SC-I-87) (21 Klone).

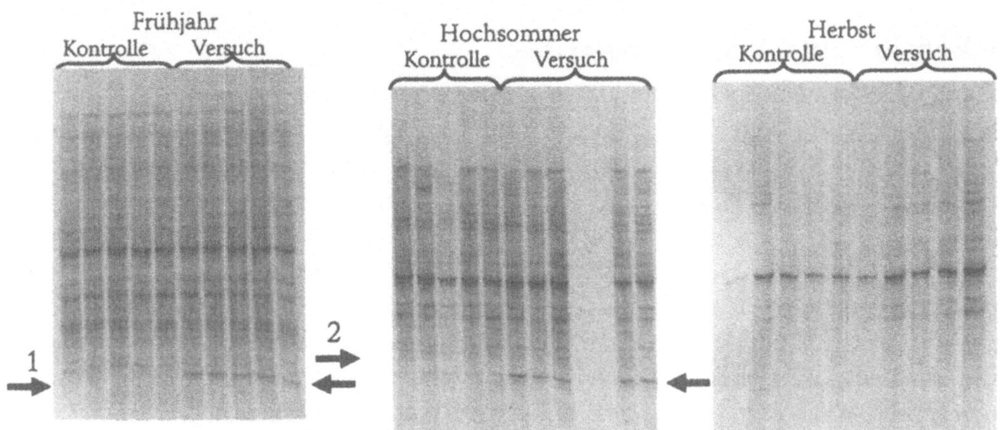

Abb. 1. SSCP-Fingerprints von *Arthrobacter* zu drei verschiedenen Probenahmen. Es sind jeweils von links nach rechts fünf unabhängig präparierte Replikate aufgetragen. Die Pfeile 1 und 2 zeigen eine bei Chlorpyrifos-Applikation verstärkte Bande an.

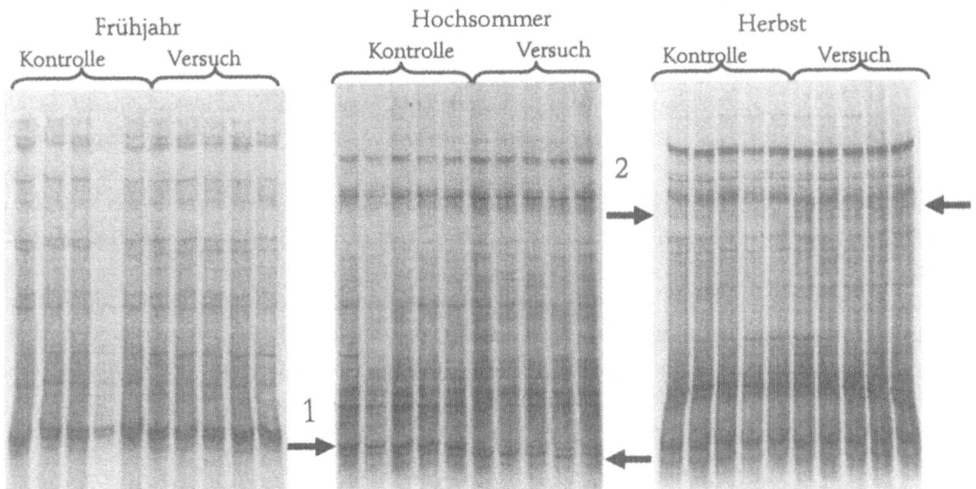

Abb. 2. SSCP-Fingerprints von *Klebsiella / Serratia* zu drei verschiedenen Probenahmen. Es sind jeweils von links nach rechts fünf unabhängig präparierten Replikaten aufgetragen. Der Pfeil 1 zeigte eine durch Chlorpyrifos-Applikation abgeschwächte Bande, Pfeil 2 eine verstärkte Bande an.

Die sehr schwache Bande 2 konnte nicht eindeutig identifiziert werden, möglicherweise überlagern sich mehrere Sequenzen. Von 30 Klonen wurden 5 Klone als *Bacillus sp. ikaite* c5 (99% Identität), 8 Klone als Unidentified gamma proteobacterium OM241 (93% Identität) identifiziert. Weiterhin wurden 2 Klone als

54

Paenibacillus sp. DSM 1352, 1 Klon als *Pseudomonas saccharophila,* eine weiterer Klon als *Rhizobium* sp. und 11 weitere Klone diversen, bisher unkultivierten Bakterien zugeordnet.

Diskussion und Schlußfolgerung

Bisherige Untersuchungen zur Wirkung von Chlorpyrifos wurden mit Kultivierungsmethoden durchgeführt. Dabei wurde kein signifikanter Einfluß von Chlorpyrifos auf die Bakteriozönose landwirtschaftlich genutzter Flächen festgestellt (Abdel-Kader et al. 1978, Tu 1978, 1980, 1981; Moawad et al. 1979, SIVASITHAMPARAM 1969). In Übereinstimmung mit diesen Arbeiten wurde mit der hier angewandten kultivierungsunabhängigen Methode kein Einfluss von Chlorpyrifosapplikation auf die Mehrzahl der untersuchten Gattungen nachgewiesen. Allerdings wurde ein Einfluss auf einige weitere Spezies festgestellt. Dabei wurde gezeigt, dass sowohl bereits in Kultur befindliche (*Arthrobacter sulfureus*) als auch bisher nicht kultivierbare Spezies beinflusst werden. Pestizidapplikation kann demzufolge auch bisher nicht kultivierbare Spezies mit bisher unbekannten Stoffwechselleistungen beinflussen. Wie diese Beeinflussung erfolgen könnte, ist völlig offen und muss Gegenstand weiterer Untersuchungen sein. Deshalb ist eine endgültige Aussage bezüglich der Wirkung einer Langzeitapplikation von Chlorpyrifos gegenwärtig nicht möglich.

Literaturverzeichnis

ABDEL-KADER; M.I.A. MOUBASHER A.H.; ABDEL-HAFEZ S.I., 1978: Selective effect of five pesticides on soil and cotton-rhizosphere and -rhizoplane fungus flora. *Mycopath.* 84, 151-158

LANE, D.J., 1991: 16S/23S rRNA sequencing. In: STACKEBRANDT, E. AND M. GOODFELLOW (eds.) John Wiley ad Son: *Nucleic Acid Techniques in Bacterial Systematics.*, New York, N.Y. 115-175.

LIEBER, A.; KIESEL, B.; BABE,L W., 2003: Microbial diversity analysis of soil by SSCP fingerprinting technique using TGGE Maxi System. In: MERBACH, W.; HÜTSCH, B.W.; AUGUSTIN, J. (Hrsg.): *Prozessregulation in der Rhizosphäre.* Leipzig, B. G. Teubner, 61-65

MOAWAD, H.A.A.; ZOHDY L.I.; BADR EL-DIN S.M.S.; GAMAL EL-DIN H. 1979: Changes in certein biological and chemical properties of the urea treated soil as affected by some pesticides application. *Egypt. J. Microbiol.* 14, 29-36

SAMBROOK, J; FRITSCH, E.F.; MANIATIS, T., 1989: Molecular Cloning: A Laboratory Manual, 2nd ed. Cold Spring Harbor Press

SCHÄDLER, M., 2001: Einfluss phytophager Insekten auf die Struktur und Dynamik einer Ackerbrache (Dissertation). - UFZ - Berichte 11/2001, 1-111.

SCHWIEGER, F.; TEBBE, C.C., 1998: A New Approach To Utilize PCR-Single-Strand-Conformation Polymorphism for 16S rRNA Gene-Based Microbial Community Analysis. *Applied and Environmental Microbiology* 64, 4870-4876

SIVASITHAMPARAM, K., 1969: Some effects of an insecticide ('Dursban') and a weedicide ('Linuron') on the microflora of a submerged soil. *Proc. Ceylon Ass. Advmt. Sci.* 25, 1-8

Tu, C.M., 1978: Effect of pesticides on acetylene reduction and microorganisms in a sandy loam. *Soil Biology and Biochemistry* 10, 451-456

Tu, C.M., 1980: Influence of five pyrethroid insecticides on microbial populations and activities in soil. *Microbial Ecoogy.* 5, 321-327

Tu, C.M., 1981: Effects of pesticides on activities of enzymes and microorganisms in a clay soil. *Journal of Environmental Science and Health B* 16, 179-191

Wellington, E.M.; Stackebrandt, E.; Sanders, D.; Wolstrup, J.; Jorgensen, N.O., 1992: Taxonomic status of *Kitasatosporia*, and proposed unification with *Streptomyces* on the basis of phenotype and 16S rRNA analysis and emendation of *Streptomyces* Waksman and Henrici 1943, 339AL. *International Journal of Systematic Bacteriology* 42, 156-160

Widmer, F.; Seidler, R.J.; Gillevet, P.M.; Watrud, LS.; Di Giovanni, G.D., 1998: A highly seletive PCR protocol for detecting 16S rRNA genes of the genus *Pseudomonas* (sensu stricto) in environmental samples. *Applied and Environmental Microbiology* 64, 2545-2553

Wurzelinduzierte Bodenvorgänge
14. Borkheider Seminar zur Ökophysiologie des Wurzelraumes
Hrsg.: W. Merbach, K. Egle, J. Augustin.
B. G. Teubner - Stuttgart • Leipzig • Wiesbaden (2004), S. 56 – 61

Quantifizierung und Monitoring von *Pantoea agglomerans* an Kohlrabi-Wurzeln und -Blättern mittels Real-time-PCR

Silke RUPPEL und Birgit WERNITZ
Institut für Gemüse- und Zierpflanzenbau Großbeeren / Erfurt e.V., Theodor Echtermeyer Weg 1, D-14979 Großbeeren

Abstract

The plant growth promoting bacterial strain *Pantoea agglomerans*, well known from experiments with different agricultural plants, was proven to increase the growth of four different vergetable plants within a greenhouse experiment. Kohlrabi plant growth was increased with increasing inoculum concentrations. To monitor and quantify the inoculated strain at different plant parts a species specific primer pair was designed and tested. Using real-time PCR and tef-gene as a housekeeping gene the *P. agglomerans* copy numbers could be measured as well as in shoot and root material of kohlrabi plants and different treatments could be easily compared. The designed method detects species specific *P. agglomerans* within plant material down to a detection limit of 10 000 copies per µg isolated DNA.

Einleitung

Der aus der Phyllosphere von Weizen isolierte Bakterienstamm *Pantoea agglomerans* ist bekannt dafür, dass er das Pflanzenwachstum verschiedenster landwirtschaftlicher Kulturen nach Saatgut- oder Sprossinokulation fördert und Erträge signifikant erhöht (RUPPEL et al. 1992, HÖFLICH und RUPPEL 1994, RUPPEL et al. 1999, RUPPEL 2000).

Ob sich eine Inokulation des Stammes ebenso positiv auf das Wachstum von Gemüsepflanzen auswirkt, ist bisher nicht untersucht worden. Außerdem ist trotz umfangreicher Untersuchungen bisher wenig über die tatsächlich an der Pflanze wirksamen Mechanismen bekannt, die letztendlich zu der gemessenen Pflanzenwachstumsförderung führen. Grundvoraussetzung für ein Studium pflanzenwachstumsfördernder Prozesse an der Pflanze ist, den inokulierten Bakterienstamm in vivo nachzuweisen und zu quantifizieren, um dann parallel Phytohormon-Produktion oder Expression spezifischer Enzyme messen zu können. Neben immunologischen Verfahren, bei denen ein artspezifisches Antiserum gegen den Bakterienstamm hergestellt wird und dieses in Immunfluoreszenz oder ELISA- Verfahren zum Nachweis des Stammes und zur Quantifizierung genutzt wird (REMUS et al. 2000), können artspezifische Primer auf der 16SrDNA selektiert werden, mit deren Hilfe eine Quantifizierung der vorhandenen Kopienzahlen der Ziel-DNA-Sequenz in der real time-PCR möglich ist (STUBNER 2002). Letztere Methode wurde in der vorliegenden Studie für den Bakterienstamm *Pantoea agglomerans* genutzt.

Für die Quantifizierung des Stammes wurde ein für *Pantoea agglomerans* artspezifisches Primerpaar selektiert und auf Reaktivität und Spezifität getestet. In einem Gefäßversuch mit Kohlrabi und gesteigerter Bakterieninokulumkonzentration wurde das Besiedlungsverhalten des Stammes nach einem und sieben Tagen an Blättern und Wurzeln der Pflanzen gemessen.

Material und Methoden

Gefäßversuch

Geprüfte Gemüsearten: Paprika F1-Hybrid Rosita, Tomate F1-Hybrid Counter, Radies RZ Sirri pilliert, Kohlrabi F1-Hybrid RZ Eder.

Die Samen der Pflanzen wurden vor der Aussaat für 2 Minuten in einer Bakteriensuspension mit der Dichte von 10^9 Keimen *P. agglomerans* je ml getaucht und geschüttelt (Kontrollsamen in steriler physiologischer Kochsalzlösung). Die Aussaat erfolgte in Quarzsand in 12er Töpfen (12 cm Durchmesser). Je Gemüseart und Variante wurden 32 Pflanzen untersucht. Die Pflanzen wurden vollständig randomisiert im Gewächshaus so aufgestellt, dass Gießwasser nicht von Topf zu Topf übertragen werden konnte. Im 2-Blattstadium erfolgte eine wiederholte Applikation durch Spritzung der Bakteriensuspension - 1 ml je Pflanze. Die Pflanzen wurden optimal mit Nährlösung und Wasser versorgt, nach acht Wochen Wachstum geerntet und Blatt-, Wurzel- und Knollen-Frischmasse und Trockenmasse bestimmt. Die Ergebnisse wurden in der ANOVA/MANOVA statistisch ausgewertet und die Grenzdifferenz bei einer Irrtumswahrscheinlichkeit von $\leq 5\ \%$ berechnet (Statistika 6.0).

DAN-Isolation

Für die Quantifizierung der *P. agglomerans*-spezifischen Kopienzahlen wird die DNA wie folgt isoliert: Frisches Pflanzenmaterial wird in steriler Umgebung in 0.5 cm große Stücke geschnitten und zusammen mit Quarzperlen auf -20°C gekühlt. Nach Pufferzugabe wird das Material 5 min in einer Resch-Mühle bei einer Frequenz von 30/s homogenisiert und anschließend die DNA unter Verwendung des DNeasy-Plant-Mini-Kits (QUIAGEN) isoliert. Die DNA-Konzentration wird photometrisch bei 260 nm gemessen.

Primer Selektion

Anhand der PubMed-Datenbank wurden 16SrDNA-Sequenzen für *Pantoea agglomerans* ausgewählt und diese mittels ClustalW auf Spezies-spezifische Regionen selektiert. Die ausgewählten Regionen wurden in den Beacon designer 2.0 eingelesen und unter Nutzung dieser Software erfolgte das Design passender Primer. Die Spezifität der Primer wurde mittels BLAST geprüft, bevor die Methodenentwicklung für die real-time-PCR begann.

Real-time-PCR

Die Real-time-PCR ermöglicht durch die Verwendung des Fluoreszenzfarbstoffes SybrGreen I , der unspezifisch in Doppelstrang-DNA interkaliert, die online-Messung des Fluoreszenzanstieges mit fortschreitender PCR-Reaktion. Die Spezifität des Produktes wird nach abgeschlossener PCR mittels einer Schmelzkurvenanalyse geprüft. Außerdem erfolgte eine Überprüfung des PCR-Produktes im Agarosegel auf Größe (80 bp) und Reinheit (nur eine Bande amplifiziert).

Primer-Konzentration und optimale Annealing-Temperaturen wurden am I-Cycler mittels QuantiTect^{TM} Sybr$^{®}$Green (Quiagen) ermittelt. Anschließend wurde die Spezifität des Primerpaares und die Nachweisgrenze der Methode bestimmt.

Für die Erstellung der Eichreihe zur Quantifizierung der Kopienzahlen der Ziel-Sequenz wurde Template DNA des Bakterienstammes *P. agglomerans* gereinigt, die Konzentration bestimmt und die Kopienzahl je µl Suspension berechnet. Die Eichreihe wurde über einen Bereich von 10^3 bis 10^9 Kopien je µl bei jeder Messung mitgeführt. Der Korrelationskoeffizient betrug 0.996 bei einem Anstieg der Geraden von –3.20, was einer nahezu 100 % igen PCR-Effizienz entspricht. Anhand dieser Eichreihe und dem Zeitpunkt des beginnenden Anstieges der Fluoreszenz (C_t – Wert), das heißt in der exponentiellen Phase der PCR, wird die unbekannte Probenkonzentration berechnet.

Ergebnisse und Diskussion

Wie erwartet führte die Saatgut- und Sprossinokulation auch bei den getesteten Gemüsepflanzen - Radies, Kohlrabi, Tomate und Paprika - mit dem selektierten Bakterienstamm *Pantoea agglomerans* zu einem signifikant erhöhten Blatt- und Wurzelwachstum der Jungpflanzen (Wachstum 8 Wochen im Gewächshaus, Gefäßversuch). Bei Radies waren Blatt- und Knollenwachstum signifikant gegenüber der unbehandelten Kontrolle erhöht (Tab. 1) und bei Kohlrabi führte die Bakterienapplikation zu einer signifikanten Erhöhung aller Pflanzenteile - Blatt, Knolle und Wurzel.

Der höchste wachstumsfördernde Effekt durch die Applikation des Bakterienstammes *P. agglomerans* - um 153 % erhöhtes Wurzelwachstum gegenüber der unbehandelten Kontrolle - wurde bei Paprika der Sorte Rosita erzielt (Tab. 1). Für eine gezielte Nutzung der pflanzenwachstumsfördernden Effekte der Mikroorganismen in der landwirtschaftlichen oder gärtnerischen Produktion ist es erforderlich, die Mechanismen der Wachstumsförderung besser zu verstehen. Grundlage für dieses Verständnis ist der Nachweis des inokulierten Bakterienstammes an der Pflanze. Aus diesem Grund haben wir einen molekularbiologischen Marker selektiert, mit dessen Hilfe die Spezies *Pantoea agglomerans* spezifisch nachgewiesen und quantifiziert werden kann. Das Vorgehen der Methodenentwicklung ist unter Material und Methoden beschrieben. Zur Prüfung der Quantifizierbarkeit des Bakterienstammes mittels der selektierten Primer und der real-time-PCR an Pflanzenmaterial wurde ein Gefäßversuch mit Kohlrabipflanzen durchgeführt. Die Pflanzen wurden mit gestaffelter Inokulumkonzentration – Kontrolle ohne Inokulation, 10^7, 10^8 und 10^9 Keime *P. agglomerans* je Pflanze – besprüht. In diesem Versuch war 14 Tage nach Inokulation das Pflanzenwachstum mit steigender Inokulumkonzentration signifikant erhöht. Die unbehandelten Kontrollpflanzen wogen durchschnittlich 1,7 g, die mit 10^7 Zellen *P. agglomerans* inokulierten Pflanzen 1,8 g und die mit 10^9 Zellen behandelten Pflanzen wiesen eine Frischmasse von 2,2 g je Pflanze auf.

Tab. 1. Blatt-, Wurzel- und Knollenentwicklung von Radies und Kohlrabi und Blatt- und Wurzelentwicklung von Tomate- und Paprika-Jungpflanzen ohne und mit Inokulation von *P. agglomerans*. Die Werte dokumentieren die Pflanzentrockenmassen je Pflanze als Mittelwert von 32 Pflanzen.

Gemüseart	Pflanzenteil	Kontrolle (g TM / Pflanze)	*P. agglomerans* (g TM / Pflanze)	Zuwachs %	LSD P=5%
Radies	Blatt	0,18	0,23*	28	0,02
	Knolle	0,34	0,52*	53	0,05
	Wurzel	0,02	0,02	0	0,01
Kohlrabi	Blatt	1,8	2,44*	36	0,3
	Knolle	0,38	0,52*	37	0,08
	Wurzel	1,88	2,76*	47	0,29
Tomate	Blatt	3,2	3,97*	24	0,38
	Wurzel	1,11	1,54*	39	0,32
Paprika	Blatt	1,67	3,15*	89	0,28
	Wurzel	1,22	3,09*	153	0,4

* kennzeichnet signifikante Unterschiede zur unbehandelten Kontrolle (ANOVA/MANOVA P = 5 %)

Einen und sieben Tag(e) nach Inokulation erfolgte die Quantifizierung von *P. agglomerans* an Wurzeln und Blättern der Kohlrabipflanzen. Die Kopienzahl der Ziel-DNA-Sequenz konnte sowohl an Wurzelmaterial als auch im Blatt von Kohlrabi mittels real-time-PCR und der selektierten spezifischen Primer quantifiziert werden. Einen Tag nach Bakterienapplikation waren am Blatt die unterschiedlichen Inokulumkonzentrationen deutlich nachweisbar, berechnet als Kopienzahl je µg isolierter DNA (Abb. 1 A). Sieben Tage nach Inokulation waren die Kopienzahlen des *P. agglomerans* in den inokulierten Varianten nur noch schwach

60

ansteigend erhöht gegenüber der unbehandelten Kontrolle. Die Wildpopulation von *Pantoea agglomerans* war mit ca. $5*10^6$ Kopien je µg DNA am Kohlrabi-Blatt und ca. $4*10^7$ Kopien je µg DNA an Kohlrabi-Wurzeln erstaunlich hoch. Eine zusätzlich erhöhte Kopienzahl über die der Wildpopulation war an der Wurzel nur einen Tag nach Inokulation von 10^9 Keimen je Pflanze messbar (Abb. 1 B). Sieben Tage nach Inokulation zeigen die gemessenen Kopienzahlen eine Reduktion der *P. agglomerans*-Population an der Wurzel mit steigender Inokulumkonzentration, was auf mögliche Abwehrmechanismen der Pflanze gegenüber zu hohen Inokulumkonzentrationen hinweist.

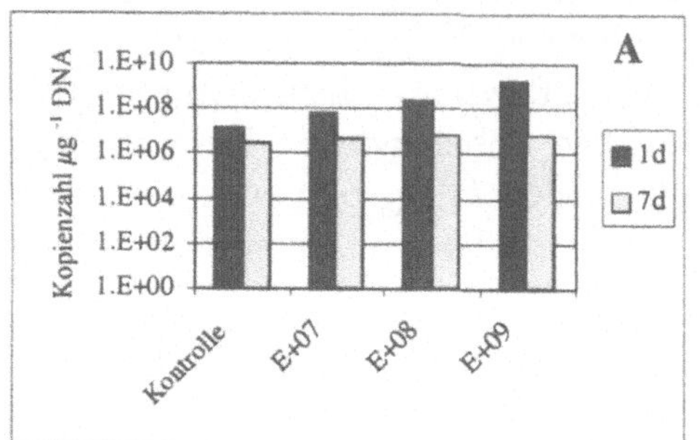
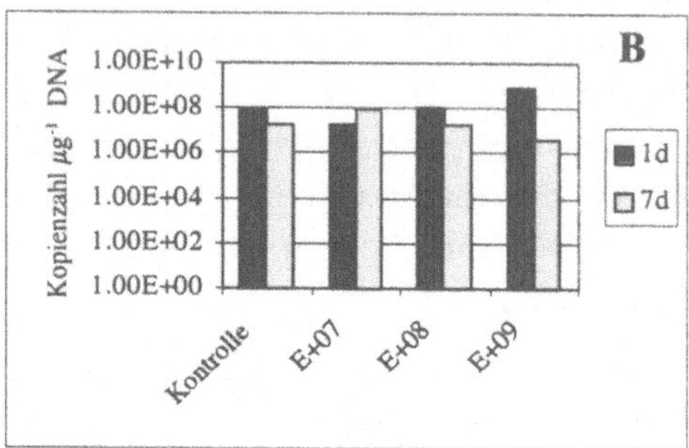

Abb. 1: Quantifizierung der *P. agglomerans*-Kopienzahl je µg DNA von Kohlrabi-Blättern (A) und Kohlrabi-Wurzeln (B) ein Tag (1d) und sieben Tage (7d) nach Inokulation der Blätter mit gestaffelten Inokulumkonzentrationen von 10^7, 10^8 und 10^9 Keimen je Pflanze und einer unbehandelten Kontrolle.

Da die Isolation der DNA aus Pflanzenmaterial trotz bestmöglicher Standardisierung niemals 100 %ig ist und daher keine absolute Quantifizierung von Ziel-DNA-Sequenzen je µl isolierter DNA-Lösung möglich ist, wird einerseits die Kopienzahl je µg isolierter DNA berechnet (Abb. 1) oder andererseits werden zum exakteren Vergleich von Behandlungsvarianten untereinander sogenannte housekeeping-Gene parallel quantifiziert und zur relativen Berechnung der Kopienzahl je Einheit housekeeping-Gen herangezogen. Ein solches Gen liegt in relativ stabilen Kopienzahlen in der Pflanze vor und wird nicht durch Behandlungsmaßnahmen der Pflanze in seinem Vorkommen beeinflusst. Im vorliegenden Versuch wurde das pflanzliche tef-Gen (transcriptional-enhancer-factor) als housekeeping-Gen parallel quantifiziert. Anhand dieses relativen Vergleichs der Varianten untereinander wird deutlicher sichtbar, dass die höchste Inokulumkonzentration zu einer Hemmung des *P. agglomerans*-Wachstums bis 7 Tage nach der Inokulation sowohl am Blatt als auch in der Wurzel führt (Abb. 2 A, 2 B).

Die vorliegenden Untersuchungen zeigen eine pflanzenwachstumsfördende Wirkung des *P. agglomerans*-Bakterienstammes auch an Gemüsepflanzen. Für weitergehende Untersuchungen der Wirkmechanismen ist das selektierte spezifische Primerpaar in Verbindung mit der real-time-PCR zur Quantifizierung von *P. agglomerans* an Pflanzenmaterial geeignet.

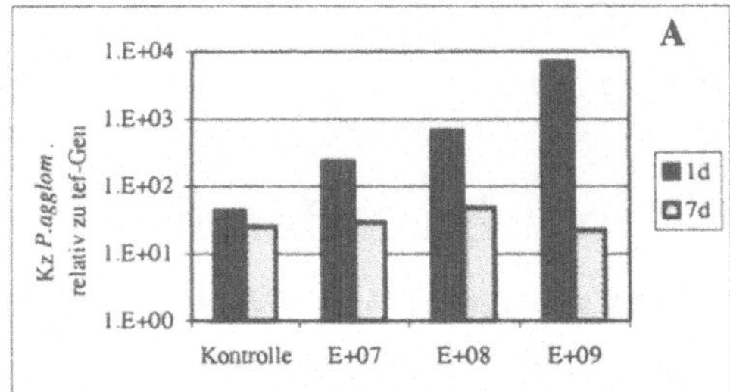
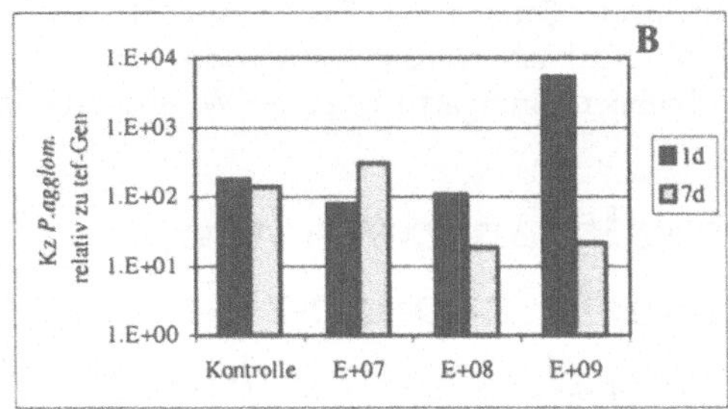

Abb. 2. Kopienzahlen (Kz) von *P. aglomerans* an Kohlrabi-Blättern (A) und Kohlrabi-Wurzeln (B), dargestellt relativ im Verhältnis zur tef-housekeeping-Gen-Konzentration. Die Quantifizierung erfolgte einen Tag (1d) und sieben Tage (7d) nach der Inokulation von 10^7, 10^8 und 10^9 Zellen *P. agglomerans* je Pflanze im Vergleich zur unbehandelten Kontrolle.

Literaturverzeichnis

HÖFLICH, G.; RUPPEL S., 1994: Growth stimulation of pea after inoculation with associative bacteria. *Microbiological Research* 149, 99-104.

REMUS, R.; RUPPEL, S.; JAKOB, H.J.; HECHT-BUCHHOLZ, CH.; MERBACH, W., 2000: Colonization behaviour of two enterobacterial strains on cereals. *Biology and Fertility of Soils* 30, 550-557.

RUPPEL, S.; HÖFLICH, G.; REMUS, R., 1999: Role of diazotrophic bacteria in plant nutrition. In: NARULA, N. (eds.) *"Azotobacter in Sustainable Agriculture"*, CBS Publishers & Distributors, Darya Ganji, New Delhi, India. Chapter 12, 124-135.

RUPPEL, S., 2000: Bedeutung der rhizosphären- und endophytischen Bakterien für die Pflanzenernährung. *Archiv für Acker- und Pflanzenbau und Bodenkunde* 45, 329-341.

RUPPEL, S.; HECHT-BUCHHOLZ, CH.; REMUS, R.; ORTMANN, U.; SCHMELZER, R., 1992: Settlement of a diazotrophic, phytoeffective bacterial strain - *Pantoea agglomerans* - on winter Wheat: an investigation using ELISA and transmission electron microscopy. *Plant and Soil* 145, 261-273.

STUBNER, S., 2002: Enumeration of 16SrDNA of desulfotomaculum lineage 1 in rice field soil by real-time PCR with SybrGreenTM detection. *Journal of Microbiological Methods* 50, 155-164.

Wurzelinduzierte Bodenvorgänge
14. Borkheider Seminar zur Ökophysiologie des Wurzelraumes
Hrsg.: W. Merbach, K. Egle, J. Augustin.
B. G. Teubner - Stuttgart • Leipzig • Wiesbaden (2004), S. 62 - 67

Interaktion zwischen den beiden arbuskulären Mykorrhizapilzen *Glomus mosseae* und *Glomus intraradices* unter dem Einfluss des Phosphatgehaltes des Bodens und in Abhängigkeit vom Kohlenhydratstatus der Wirtspflanze *Ipomea batatas*

Enrico SCHEUERMANN, Bernhard BAUER und Elke NEUMANN

Institut für Pflanzenernährung (330) Universität Hohenheim; D-79593 Stuttgart, Germany

Abstract

Phosphate (P) availability in the soil as well as the light supply to the host plant are factors influencing the development of the arbuscular mycorrhizal symbiosis. The aim of the present experiment was to investigate interactions between the two arbuscular mycorrhizal fungi (AMF) *Glomus mosseae* (GM) and *Glomus intraradices* (GI) sharing the root system of one plant of sweet potato (*Ipomea batatas*) under (I) low P availability in the soil and high light supply to the host plant (-P/+L), (II) low P availability in the soil and light deficiency to the host plant (-P/-L) or (III) high P availability in the soil and high light supply to the host plant (+P/+L). Mycorrhizal and nonmycorrhizal plants were grown in a split root system. Among the mycorrhizal treatments, both root parts were either colonized by GI (GI * GI), GM (GM * GM), a 1:1 mixture of both AMF (Mix * Mix) or one part was colonized by GI while the other was colonized by GM (GI * GM). Plants were harvested 40 days after planting. In the (-P/+L) treatment, colonization rates of both fungi did not differ depending on whether they shared the root system with the same or with the other species. In contrast, under (-P/-L) as well as under (+P/+L) conditions, the colonization rates of GM in the (GM*GI) treatment were significantly higher than those of all other treatments while colonization rates of GI were very low in (GI * GI) and (GI * GM). Obviously GM gained profit from a poorer development of GI on the other side of the root system, indicating that the carbohydrate allocation from plant to fungus is regulated by source–sink–relations. Our results demonstrate how changes in the environmental conditions can rapidly alter the composition of the AMF population.

Einleitung

Etwa 80 % aller Landpflanzen aus allen terrestrischen Ökosystemen leben in Assoziation mit arbuskulären Mykorrhizapilzen (AMP). Damit ist die arbuskuläre Mykorrhiza die am weitesten verbreitete mutualistische Symbiose zwischen Pflanzen und Pilzen (SMITH und READ 1997). Die Hyphen der AMP sind in der Lage, Phosphat aus dem Boden aufzunehmen, an die assoziierte Pflanzenwurzel abzugeben und auf diese Weise zur P - Ernährung ihrer Wirtspflanze beizutragen. Vor allem auf Böden mit einer niedrigen P- Verfügbarkeit kann die Pflanze ganz erheblich von der P - Aufnahme über die Mykorrhizahyphen profitieren (MARSCHNER und DELL 1994). Mit steigender P -Verfügbarkeit im Boden ist dagegen oft ein Rückgang der Mykorrhizierung zu beobachten (z.B. RAJU et al., 1990; SMITH, 1982). Als obligat biotrophe Mikroorganismen sind die AMP darauf angewiesen, von ihrer Wirtspflanze mit Kohlenhydraten (Sucrose) versorgt zu werden. Ein durch Lichtmangel induzierter Kohlenhydratmangel bei der Wirtspflanze kann zu einer Verringerung der Infektion mit AMP führen (SMITH und GIANINAZZI-PEARSON 1990, MILLER und KLING 2000). Der Einfluss der beiden Faktoren „P - Verfügbarkeit im Boden" und „ Lichtversorgung der Wirtspflanze" auf das Ausmaß der Infektion mit AMP sowie den Beitrag der AMP zur P - Aufnahme und zum Wachstum der Wirtspflanze ist häufig in Gefäßversuchen untersucht worden, bei denen die Pflanzenwurzeln jeweils mit einer bestimmten AMP - Art besiedelt waren. Dabei können sich die einzelnen AMP - Arten hinsichtlich ihrer Reaktion auf die Veränderung der beiden Faktoren unterscheiden (PEARSON and JAKOBSEN 1993).

Da die Wurzeln von Pflanzen im Feld in der Regel von mehr als nur einer AMP-Art besiedelt sind, wurde in der vorliegenden Studie der Einfluß der genannten Faktoren auf Süßkartoffelpflanzen (*Ipomea batatas*) in einem Splitrootsystem untersucht, bei dem entweder beide Wurzelteile mit der gleichen Pilzart besiedelt waren oder bei dem der eine Wurzelteil mit *Glomus mosseae* (GM) und der andere Wurzelteil mit *Glomus intraradices* (GI) infiziert war. Ziel war die Erfassung von Interaktionen zwischen GI und GM, wenn sich beide Pilzarten das Wurzelsystem einer Pflanze teilen.

Materialien und Methoden

Das untere Ende des Stengels von Süßkartoffelstecklingen wurde mit einer Rasierklinge über eine Länge von etwa 2 cm gespalten bevor die Stecklinge für 8 Tage auf eine Nährlösung gesetzt wurden, um sich zu bewurzeln. Das Spalten des oberen Stengelteils erleichterte das Einsetzen der

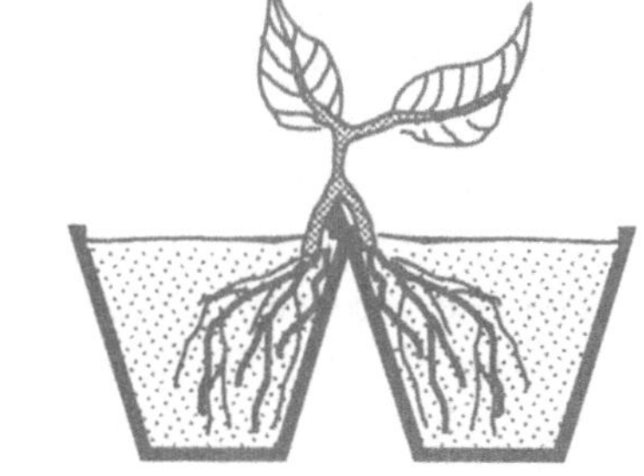

Abb. 1. Schematische Darstellung des verwendeten Splitrootgefäßes

bewurzelten Stecklinge in das in Abb. 1 dargestellte Splitrootsystem.

Als Substrat wurde ein mineralischer Unterboden mit neutralem pH-Wert verwendet. Jeder Gefäßteil wurde mit 1,2 kg Trockenboden bei einer Bodendichte von 1,3 g cm^{-1} gefüllt. Vor dem Einfüllen wurde der Boden durch Erhitzen sterilisiert und entweder mit 50mg P kg^{-1} TB (-P) oder mit 150 mg P kg^{-1} TB (+P) sowie ausreichenden Mengen anderer mineralischer Nährelemente gedüngt. Nach dem Einsetzen der Pflanzen wurden aus jedem Gefäßteil 80 cm^3 Boden mit einem Bohrstab ausgestochen und durch 100 g trockenes Inokulum, bestehend aus infizierten Wurzelteilen und Boden mit darin enthaltenen Sporen, ersetzt. Nicht mykorrhizierte Kontrollen (-M) wurden mit autoklaviertem Inokulum präpariert. Mykorrhizierte Behandlungen wurden entweder auf beiden Seiten eines Splitrootgefäßes mit GI (GI * GI), GM (GM * GM), einer 1:1 Mischung beider Inokula (Mix * Mix) oder auf der einen Seite mit GI und auf der anderen Seite mit GM (GI * GM) inokuliert. Der Versuch wurde im Gewächshaus durchgeführt. (-P)-Behandlungen erhielten entweder volle Belichtung (2250 - 2400 µE s^{-1} m^{-2}, + L) oder wurden unter ein Netz in den Schatten (500 - 600 µE s^{-1} m^{-2}, - L) gestellt. Die (+P)-Behandlung wurde voller Belichtung ausgesetzt. Jede Behandlung bestand aus vier Wiederholungen.

Die Pflanzen wurden 40 Tage nach dem Einsetzen in die Splitrootgefäße geerntet. Die Wurzeln wurden aus dem Boden gewaschen und eine repräsentative Wurzelprobe wurde mit Trypanblau angefärbt (KOSKE und GEMMA 1989), um die mit AMP infizierte Wurzellänge zu bestimmen (KORMANIK und MCGRAW, 1984). Das restliche Pflanzenmaterial wurde bei 65°C getrocknet, um das Trockengewicht zu bestimmen. Die P-Konzentration im Pflanzenmaterial erfolgte kolorimetrisch nach GERICKE und KURMIES (1952).

Ergebnisse und Diskussion

Wie Abb. 2 zeigt, werden unter (+L / -P)-Bedingungen bei der (GM * GI)-Behandlung beide Wurzelteile gleich gut mit dem jeweiligen Pilz infiziert. Das Ausmaß der Infektion mit GM oder GI an einem Wurzelteil ist unabhängig davon, ob die gleiche oder die andere Pilzart den anderen Teil der Wurzel besiedelt. Bei Lichtmangel oder einer höheren P - Verfügbarkeit im Boden kommt es bei allen Mykorrhizierungsbehandlungen zu geringeren Infektionsraten im Vergleich zu (+L / -P)-Bedingungen. Außerdem führt sowohl (-L / -P) als auch (+L / +P) dazu, dass die Infektionsraten von GM in der (GM * GI)-Behandlung signifikant höher liegen als die aller anderer Mykorrhizierungsbehandlungen. GI scheint durch (-L / -P)- oder (+L / +P)-Bedingungen stärker in seiner Entwicklung beeinträchtigt zu werden als GM. Dass sich dies positiv auf die Entwicklung von GM in der (GM * GI)-Behandlung auswirkt, stützt die These, dass der Kohlenhydrattransfer von der Pflanze je nach Source-Sink-Verhältnis erfolgt. Ein mit GI infizierter Wurzelteil ist unter (-L / -P)- oder (+L / +P)-Bedingungen offenbar ein kleinerer „Sink" als ein mit GM infizierter Wurzelteil.

Arbeiten von DOUDS et al. (1988), WANG et al. (1989) und VIERHEILIG et al. (2000) stützen die These eines Source-Sink-Beziehungen folgenden Kohlenhydrattransfers von der Pflanze zum AMP. Die vorliegenden Ergebnisse demonstrieren, wie durch veränderte Umweltbedingungen bestimmte Pilzarten unterdrückt und andere gefördert werden können.

Ein Beitrag der Mykorrhiza zum Pflanzenwachstum und zur Phosphataufnahme der Wirtspflanze lässt sich nur innerhalb der (+L / -P)–Behandlungen nachweisen (Abb.3 und 4.). Innerhalb der Mykorrhizierungsbehandlungen der (-L / -P) – und der (+L / + P) – Behandlung gibt es hinsichtlich P-Aufnahme und Trockensubstanzbildung keine signifikanten Unterschiede (Daten nicht gezeigt). Alle Pflanzen der (-L / -P)–Behandlung zeigten ein signifikant geringeres Wachstum und eine signifikant geringere P – Aufnahme gegenüber allen anderen Behandlungen. Die Pflanzen der (+L / +P)–Behandlung wiesen dagegen signifikant höheres Wachstum und höhere P-Aufnahme als alle anderen Behandlungen auf (Daten nicht gezeigt). Mykorrhizierung konnte die höhere P-Düngung offensichtlich nicht vollständig kompensieren.

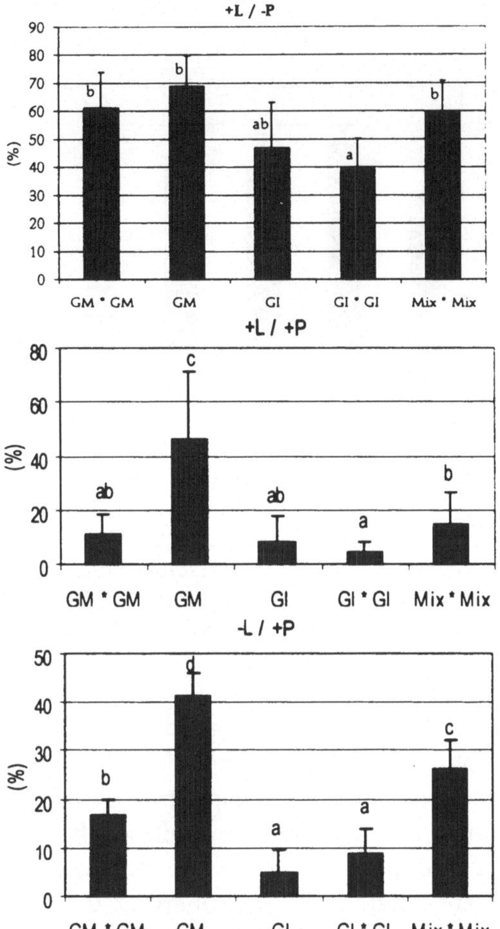

Abb. 2. Infektion von *Ipomea batatas* mit VAM-Pilzen Gezeigt sind die Mittelwerte (infizierte Wurzellänge in Prozent) der vier Wiederholungen einer Behandlung. Die Fehlerbalken zeigen die Standardabweichung. Unterschiedliche Buchstaben stehen für signifikant unterschiedliche Mittelwerte (t-test, $p < 0{,}05$). Weitere Einzelheiten (siehe Seite 63).

Die höheren P-Gehalte bei der (Mix * Mix)-Behandlung im Vergleich zu den anderen Mykorrhizierungsbehandlungen innerhalb der (+L / -P)–Bedingungen (Abb. 4) deuten auf einen synergistischen Effekt der beiden Isolate in der P-Aufnahme hin (DODD et al. 2000) Es wäre denkbar, dass die Hyphen beider

66

Pilzarten unterschiedliche Bodenbereiche (z. B. wurzelnaher und wurzelferner Bereich) erschließen.

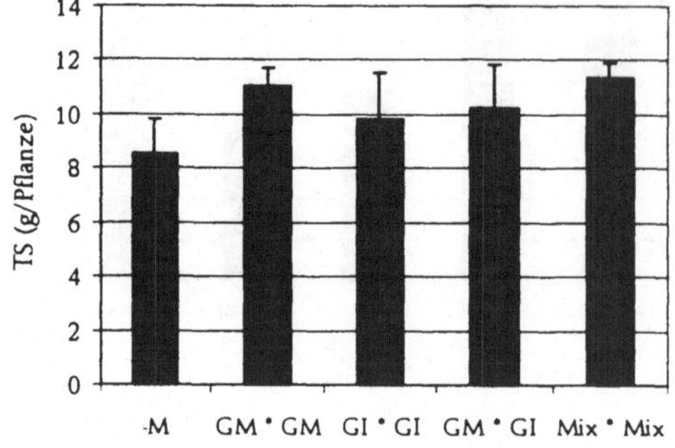

Abb.3. Trockensubstanz (TS) der Pflanzen der (+L / -P)-Behandlung (siehe Seite 63) nach der Ernte in g pro Pflanze. Die Fehlerbalken zeigen die Standardabweichung. Unterschiedliche Buchstaben stehen für signifikant (t-test, $p < 0.05$) unterschiedliche Mittelwerte.

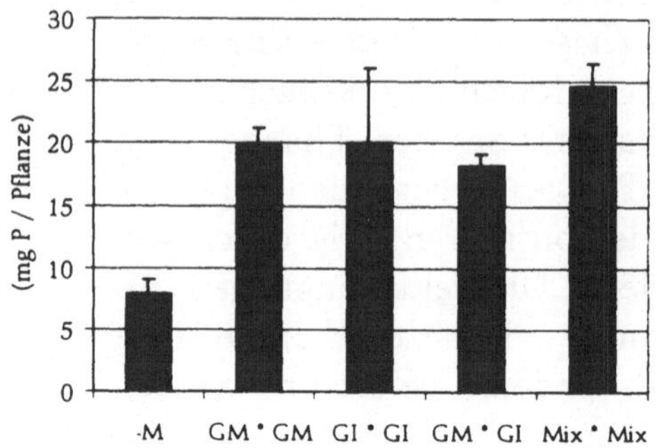

Abb.4. Phosphorgehalt der Gesamtpflanzen bei der (+L / -P) -Behandlung (siehe Seite 63) in mg pro Pflanze. Die Fehlerbalken zeigen die Standardabweichung. Unterschiedliche Buchstaben stehen für signifikant (t-test, $p < 0.05$) unterschiedliche Mittelwerte.

Die Ergebnisse der vorliegenden Studie zeigen, dass es aufgrund von Interaktionen zwischen verschiedenen AMP-Arten innerhalb kürzester Zeit zu einer starken Verschiebung des Artenspektrums infolge sich ändernder Umweltbedingungen kommen kann. Für die landwirtschaftliche Praxis könnten diese Zusammenhänge dann eine Rolle spielen, wenn AMP gezielt in das Bodenmanagement einbezogen werden sollen (z.B. Inokulierung von Nutzpflanzen oder Erhaltung nützlicher Bodenmikroorganismen im ökologischen Landbau).

Literaturverzeichnis:

DODD, J.C.; BODDINGTON, C.L.; RODRIGUEZ, A.; GONZALEZ-CHAVEZ, C.; MANSUR, I., 2000: Mycelium of Arbuscular Mycorrhizal fungi (AMF) from different genera: form, function and detection. *Plant and Soil* 226, 131-151

DOUDS, D.D.; JOHNSON, C.R.; KOCH, K.E., 1988: Carbon cost of the fungal symbiont relative to net leaf P accumulation in a split - root VA mycorrhizal symbiosis. *Plant Physiology* 86, 491-496

GERICKE, S., KURMIES, B., 1952: Die kolorimetrische Phosphorsäurebestimmung mit Ammonium –Molybdat-Vanadat und ihre Anwendung in der Pflanzenanalyse. *Zeitschrift für Pflanzenernährung, Düngung und Bodenkunde* 159, 11-21

KORMANIK, P.P.; MCGRAW, A.C., 1984: Quantification of vesicular-arbuscular mycorrhizae in plant roots. In: SCHENCK, N.C.: *Methods and principals of mycorrhizal research.* Edited by The American Phytopathological Society, St. Paul, Minn. 37-45

KOSKE, RE; GEMMA, J.N., 1989: A modified procedure for staining roots to detect VA mycorrhizas. *Mycology Research* 92, 486-505

MARSCHNER, H.; DELL, B., 1994: Nutrient uptake in mycorrhizal symbiosis. *Plant and Soil* 159, 89-102

MILLER, R.M.; KLING, M., 2000: The importance and integration and scale in the arbuscular mycorrhizal symbiosis, *Plant and Soil* 226, 295-309

PEARSON, J.N.; JAKOBSEN, I., 1993: Symbiotic exchange of carbon and phosphorus between cucumber and three arbuscular mycorrhizal fungi. *New Phytologist* 124, 481-488

RAJU, P.S.; CLARK, R.B.; ELLIS, J.R.; MARANVILLE, J.W., 1990: Mineral uptake and growth of sorghum colonised with VA Mycorrhiza at varied soil phosphorus levels. *Journal of Plant Nutrition* 13(7), 843-859

SMITH, S.E., 1982: Inflow of phosphate into mycorrhizal and nonmycorrhizal plants of Trifolium subterraneum at different levels of soil phosphate. *New Phytologist* 104, 89-95

SMITH, S.E.; GIANINAZZI-PEARSON, V., 1990: Phosphate uptake and arbuscular activity in mycorrhizal *Allium cepa* L. Effects of photon irradiance and phosphate nutrition. *Australian Journal of Plant Physiology* 17, 177-188

SMITH, S. E.; READ, D.J., 1997: Mycorrhizal Symbiosis. Academic Press, San Diego

VIERHEILIG, H.; GARCIA-GARRIDO, J.M.; WYSS, U.; PICHÉ, Y., 2000: Systemic suppression of mycorrhizal colonization of barley roots already colonized by AM Fungi. *Soil Biology and Biochemistry.* 32, 589-595

WANG G. M.; COLEMAN D. C.; FRECKMAN D. W.; DYER M. I. MC; NAUGHTON S. J.; ACRA M. A.; GOESCHL J. D. 1989: Carbon partitioning patterns of mycorrhizal versus non-mycorrhizal plants: real-time dynamic measurements using $^{11}CO_2$. *New Phytologist* 112, 489-493

3
Rhizosphärenprozesse und ihre Beeinflussbarkeit

Wurzelinduzierte Bodenvorgänge
14. Borkheider Seminar zur Ökophysiologie des Wurzelraumes
Hrsg.: W. Merbach, K. Egle, J. Augustin.
B. G. Teubner - Stuttgart • Leipzig • Wiesbaden (2004), S. 71 - 77

Gibt es einen Einfluss verschiedener N-Formen auf das Bestockungsverhalten bei Sommergerste?

Bernhard BAUER und Nicolaus von WIRÉN

Institut für Pflanzenernährung, Universität Hohenheim, D-70593 Stuttgart

Abstract

In field studies it was observed that summer barley fertilized with urea nitrogen before tillering showed a significant decrease in tiller number relative to ammonium-based fertilization. To invesitigate a possible effect of the nitrogen form on tiller number, a nutrient solution experiment was set up, in which summer barley was grown in a growth chamber with supply of nitrate, urea or ammonium, or of nitrate and urea at different molar ratios. Tiller number of barley plants supplied with increasing amounts of urea showed a decreased number of tillers but also decreased biomass production. Mineral nutrient analysis indicated that nutrient deficiencies could not explain the decrease in tiller number under urea supply. Urea toxicity or altered phytohormone levels as possible causes for decreased growth and tillering are discussed.

Einleitung

Stickstoff ist der am meisten limitierte mineralische Nährstoff in der landwirtschaftlichen Pflanzenproduktion und wird zumeist als Nitrat oder Ammonium über die Pflanzenwurzeln aufgenommen. Bei der mineralischen Stickstoffdüngung finden hauptsächlich drei N- Formen Verwendung: Nitrat, Ammonium und Harnstoff. Düngemittel mit diesen N-Formen stellen nicht nur Stickstoff zur Verfügung, sondern können auch das Pflanzenwachstum und die Verfügbarkeit anderer Nährstoffe beeinflussen (MARSCHNER 1995).

Nitrat und Ammonium wirken durch ihre entgegengesetzte Ladung unterschiedlich auf den pH- Wert der Rhizosphäre. Sie beeinflussen über das Anionen-Kationen-Verhältnis bei der Nährstoffaufnahme die Menge an abgegebenen Protonen und damit die Mobilisierung v.a. von Phosphat und Mikronährstoffen in der Rhizosphäre (MARSCHNER 1995). Des weiteren ist über Nitrat bekannt, dass es als Osmotikum wirkt und über eine Erhöhung der Xylembeladung mit Cytokininen das Blattstreckungswachstum positiv beeinflussen kann (WALCH-LIU et al. 2000).

Bei Betrachtungen zur Wirkung verschiedener Stickstoff-Formen wird die Wirkung von Harnstoff in der Regel der von Ammonium gleichgestellt. Harnstoff wird temperaturabhängig innerhalb weniger Tage oder sogar weniger Stunden durch im Boden befindliche Ureasen in NH_4^+ und CO_2 gespalten, steht also den Pflanzen nur kurze Zeit als $CO(NH_2)_2$ für die Aufnahme zur Verfügung. Dies kann für die N-Ernährung von Bedeutung sein, da Harnstoff direkt über pflanzliche Membranen aufgenommen werden kann (LIU et al., 2003). Um mögliche N-Verluste bei der Harnstoffdüngung zu vermeiden und eine unabhängig davon angestrebte verlängerte Ammoniumverfügbarkeit zu erreichen, werden harnstoffhaltigen Düngemitteln Urease- bzw. Nitrifikationsinhibitoren zugesetzt. Zusatz von Ureaseinhibitoren wirkt sich positiv auf eine Verminderung der NH_3-Emission aus (WATSON et al., 1994), während der Zusatz von Nitrifikationsinhibitoren das Verlustrisiko an appliziertem Dünger-N in Form von molekularem N_2, der Emission klima- und umweltrelevanter N-Oxide sowie der Nitratauswaschung senkt.

Um die Jugendentwicklung von Getreidepflanzen zu verbessern, werden alternativ zu einer breit gestreuten Düngemittelapplikation in der Praxis Düngemittelgaben auch direkt unter den Saathorizont platziert. Dabei kommen nicht nur Varianten mit verschiedenen Nährstoffkombinationen, sondern auch mit unterschiedlichen N-Formen zum Einsatz. In eigenen Feldbeobachtungen mit Modellcharakter ließ sich die Wirkung einer platzierten Düngung mit unterschiedlichen N-Formen bereits visuell unterscheiden: Am auffälligsten war der Einfluss einer Harnstoffdüngung mit Ureaseinhibitor auf die Bestandesarchitektur bei Winterweizen. Die Pflanzen bildeten weniger, aber stärkere Triebe, die Ähren legten mehr Spindelstufen an, neigten weniger zur Ährchenreduktion und bildeten schwerere Körner (B. BAUER, eigene Beobachtungen).

Aus diesen Beobachtungen wurden folgende Fragen abgeleitet:

- Besteht eine Abhängigkeit der Bestockung vom Angebot unterschiedlicher N-Formen?

- Lassen sich die im Feld beobachteten visuellen Unterschiede auch unter kontrollierten Bedingungen in der Nährlösung reproduzieren, wo einzelne N-Formen über längere Zeiträume konstant gehalten werden können?

Material und Methoden

Samen von Sommergerste wurden in einer Klimakammer vorgekeimt, nach 5 Tagen auf Nährlösung überführt und unter kontrollierten Bedingungen kultiviert (22°C, 16 h Tag, 60 % relative Luftfeuchte). In Nährlösung wurde die angebotenen N-Form wie folgt variiert (PPD steht für die Zugabe von 75 mg/l Ureaseinhibitor Phenylphosphorodiamidat, KROGMEIER et al. 1989):

Tab. 1: Liste der Varianten

Var.	NO_3^- [mmol.l^{-1}]	NH_4^+ [mmol.l^{-1}]	$CO(NH_2)_2$ [mmol.l^{-1}]	PPD [mg.l^{-1}]
1	0,500	-	-	-
2	0,375	-	0,063	75
3	0,250	-	0,125	75
4	0,125	-	0,188	75
5	-	-	0,250	75
6	-	-	0,250	-
7	-	0,500	-	-
8	0,250	0,250	-	-
9	0,500	-	-	75

Die Nährlösung wurde während der ersten zwei Wochen dreimal und später viermal wöchentlich gewechselt. Zum Abschluss der Bestockung (6-Blatt-Stadium) wurden die Pflanzen geerntet, die Anzahl der Triebe pro Pflanze, Spross- und Wurzeltrockengewichte sowie die Konzentration an verschiedenen Nährstoffen in der Trockensubstanz bestimmt. Während der Versuchsdurchführung wurde der pH-Wert der Nährlösungen sowie der Anteil der N-Formen nach zwei Tagen Pflanzenwachstum mittels Schnelltest-Stäbchen gemessen.

Ergebnisse

Einfluss der N-Formen auf die Trockenmassebildung und die Bestockung

Mit zunehmendem Harnstoffangebot nahm die Trockenmassebildung bei Sommergerste ab. Die geringste Trockenmassebildung wurde dabei bei ausschließlichem Harnstoffangebot unter Einsatz des Ureaseinhibitors PPD gemessen. Pflanzen mit äquimolarem Nitrat- und Harnstoffangebot zeigten dagegen eine ähnlich verringerte Trockenmassebildung wie Pflanzen mit reinem Ammoniumangebot (Abb. 1A). Wie erwartet, ergaben sich höchste Trockenmassezuwächse unter Ammoniumnitrat-Ernährung.

Ähnlich der Bildung von Trockenmasse nahm auch die Anzahl der Bestockungstriebe mit zunehmendem Harnstoffangebot ab, so dass bereits bei 75%-igem Harnstoffangebot kein Bestockungstrieb mehr gebildet wurde, während nitraternährte Pflanzen zwischen 2 und 3 Trieben pro Pflanze aufwiesen (Abb. 1B). Ammoniumnitraternährte Pflanzen bildeten mindestens 3 oder sogar mehr als 3 Triebe pro Pflanze.

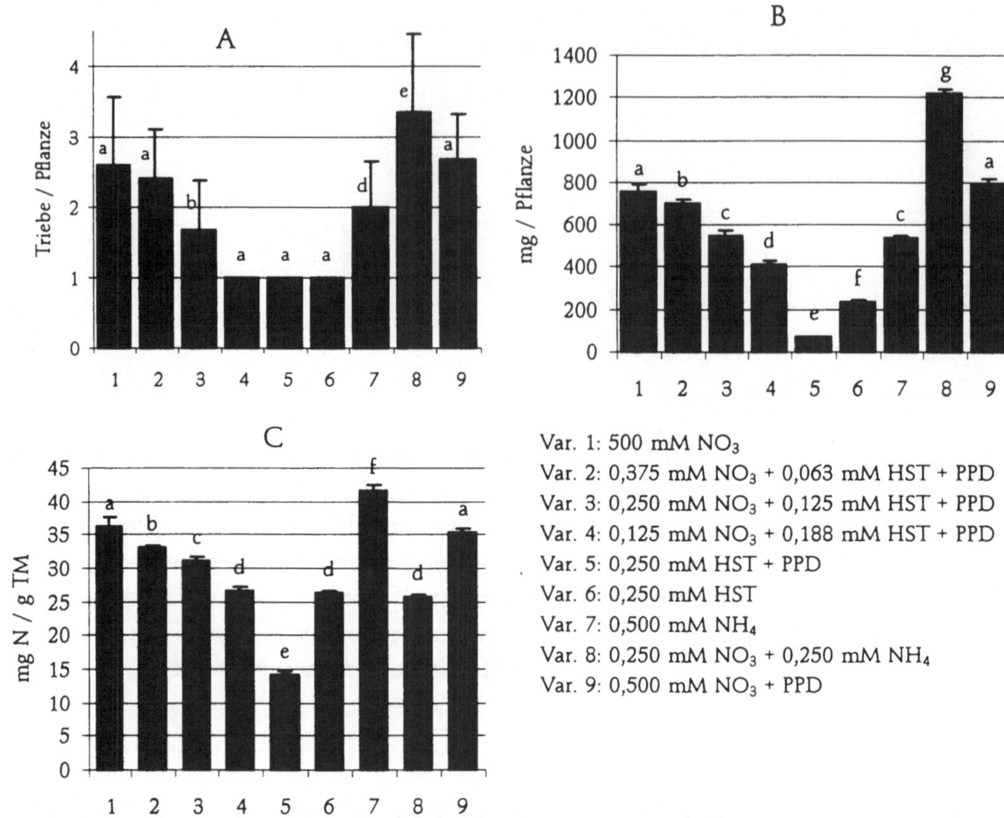

Abb. 1. Einfluss verschiedener N-Formen auf (A) die Anzahl der Bestockungstriebe pro Pflanze, (B) die Trockenmasse pro Pflanze und (C) die N-Konzentration in Sprossen nach 47 Tagen Wachstum auf Nährlösung

Einfluss der N-Formen auf den pH-Wert in der Nährlösung

Um überprüfen zu können, ob die verschiedenen N-Angebotsformen über den Versuchszeitraum hinweg konstant blieben, wurde regelmäßig der pH-Wert der Nährlösungen überprüft und bei einem Nährlösungswechsel 26 Tage nach Versuchsbeginn die verbleibenden N-Formen in der Nährlösung bestimmt. Bei NO_3^--Angebot stieg der pH-Wert der Nährlösung als Folge einer erhöhten Protonenaufnahme an. Dies spiegelte sich in erhöhten pH-Werten im Vergleich zur Ausgangslösung wieder.

In der reinen Harnstoffvariante ohne Ureaseinhibitor war im Gegensatz zu der Variante mit Ureaseinhibitor der pH-Wert leicht abgesenkt. Dies ließ, wie erwartet, auf eine verstärkte Zersetzung des Harnstoffs in Ammonium in Abwesenheit des Ureaseinhibitors schließen und resultierte in geringeren Konzentrationen an Harnstoff zwei Tage nach Pflanzenwachstum in Nährlösung.

Pflanzen mit NH_4^+-Angebot senkten den pH-Wert der Nährlösung am stärksten ab. Die damit verbundene Abnahme der NH_4^+-Konzentration in der Nährlösung nach zwei Tagen Pflanzenwachstum ließ sich auf eine bevorzugte NH_4^+-Aufnahme relativ zur Nitrataufnahme zurückführen. Aufgrund einer bevorzugten und rascheren Aufnahme von NH_4^+ gegenüber NO_3^- wurde der pH-Wert auch in der Variante 8 heruntergesetzt. Dies liegt wahrscheinlich nicht nur daran, dass Ammonium die bevorzugte N-Form bei limitiertem N-Angebot ist, sondern auch daran, dass Ammonium die Nitrataufnahme hemmen kann (von WIRÉN et al. 2000).

Einfluss der N-Formen auf die Konzentration an Nährstoffen in Pflanzen

Da Ammonium und Nitrat auch die Aufnahme anderer Nährstoffe beeinflussen, wurde geprüft, ob Harnstoff ähnliche Effekte aufweist. Deshalb wurden Nährstoffanalysen für die Elemente N, P, K, Ca, Mg, Mn, Cu und Zn durchgeführt.

Die geringe N-Konzentration in Pflanzen der Variante „Harnstoff mit Ureaseinhibitor", der ausschließlich Harnstoff zur Aufnahme zur Verfügung stand, wies auf einen N-Mangel dieser Pflanzen hin (Abb. 1C). Außerdem bildeten diese Pflanzen auch die geringsten Trockenmassegehalte. Die N-Konzentration im Spross lag aber mit 14,2 mg/g TM noch deutlich über der bei BERGMANN (1993) angegebenen Mangelkonzentration von 10 mg/g TM.

Hohe N-Konzentration in Spross und Wurzel bei ausschließlichem Ammoniumangebot resultierten wahrscheinlich aus einer Wachstumshemmung, wie sie für das Ammoniumsyndrom typisch ist (TOLLEY-HENRY and RAPER 1986). Vergleichsweise geringere N-Konzentrationen in Pflanzen mit gleichzeitigem Ammonium- und Nitrat-Angebot ließen sich durch einen Verdünnungseffekt des N aufgrund der höheren Wachstumsraten erklären.

Gerstenpflanzen mit reinem P-Angebot schienen aufgrund ihres gehemmten Wachstums unter einer geringeren P-Aufnahme zu leiden. Dies wurde durch geringe P-Konzentrationen auch unterstrichen. Ansonsten unterschieden sich die Konzentrationen an den Nährstoffen K, Ca, Mg, Zn und Mn in den Harnstoffvarianten gegenüber Pflanzen mit Nitratangebot nur unerheblich. Dagegen zeigten Pflanzen mit ausschließlichem Ammoniumangebot verringerte Konzentrationen an kationischen Nährstoffen, wie sie in der Literatur beschrieben sind (TOLLEY-HENRY and RAPER 1986).

Aus den Nährstoffkonzentrationen in den Pflanzen und den pH-Wert-Veränderungen in der Nährlösung ließ sich also der unterschiedliche Einfluss der N-Formen auf das Bestockungsverhalten der Pflanzen nicht erklären.

Diskussion

Aus unseren Modellversuchen ging hervor, dass Harnstoff einen negativen Effekt auf die Bestockung von Sommergerste hatte. Nachdem Harnstoff keinen signifikanten Einfluss auf die Nährstoffkonzentrationen, aber auf die Trockenmassebildung zeigte, stellte sich die Frage, ob Harnstoff selbst unter den angegebenen Bedingungen phytotoxisch gewirkt hat. Diese Annahme wurde durch den proportionalen Zusammenhang zwischen dem Anstieg der Harnstoffkonzentration in den Behandlungen und der Abnahme der Bestockungsneigung unterstützt. Aufgrund fehlender Harnstoffkonzentrationsmessungen lässt sich diese mögliche Erklärung der verringerten Bestockung unter Harnstoff jedoch noch nicht eindeutig klären.

Aufgrund der deutlichen Korrelation zwischen Nitratangebot und der Anzahl der Bestockungstriebe ließ sich ableiten, dass Nitrat als N-Form den Prozess der Bestockung positiv beeinflusste. Dabei könnte Nitrat, dessen Assimilation hauptsächlich im Spross stattfindet, über eine veränderte Partitionierung von Assimilationsprodukten indirekt auf die Bestockung wirken. Möglich ist aber auch eine mehr oder weniger direkte Signalwirkung von Nitrat auf Prozesse, die die Bestockung beeinflussen. Analog zu Beobachtungen, die in Tabak gemacht wurden (WALCH-LIU et al. 2000), könnte Nitrat auch in Gramineen zu einer erhöhten Xylembeladung mit Cytokininen führen und darüber die Bestockung stimulieren. Für die Klärung dieser Frage sind Phytohormonanalysen jedoch unumgänglich.

Ausblick

In dieser Arbeit konnte gezeigt werden, dass sich der Einfluss verschiedener N-Angebotsformen auf das Bestockungsverhalten von Getreide, wie es in ersten Feldversuchen beobachtet wurde, in Nährlösungsversuchen reproduzieren lässt. Dabei zeigte sich ein deutlicher Zusammenhang zwischen den angebotenen N-Formen und der Bestockungsneigung der Pflanzen. Der zugrunde liegende Zusammenhang ließ sich aber anhand der durchgeführten Analysen nicht eindeutig klären. Offen ist, ob Harnstoff über eine Veränderung von Phytohormonen oder über eine Harnstofftoxiziät zu verringerter Bestockung bei Sommergerste führte.

Analog zu bekannten Arbeiten über den Einfluss der N-Angebotsform auf das Blattstreckungswachstum in Tabak könnte auch die Bestockung von Getreide durch die N-Angebotsform über eine Beeinflussung des Phytohormonhaushalts reguliert werden. Falls sich dies über entsprechende Messungen der Phytohormonkonzentrationen bestätigen ließe, könnten zukünftig verschiedene N-Formen eingesetzt werden, um einen Pflanzenbestand unter ausreichender N-Versorgung gezielt aufzubauen.

Literaturverzeichnis

BERGMANN, W., 1993: Ernährungsstörungen bei Kulturpflanzen. Entstehung, visuelle und analytische Diagnostik. Fischer Verlag, Jena.

KROGMEIER, M.J.; MCCARTY, G.W.; BREMNER, J.M., 1989: Phytotoxicity of foliar-applied urea. *Proceedings of the National Academy of Sciences of the United States America* 86, 8189–8191.

LIU, L.H.; LUDEWIG U.; FROMMER, W.B.; VON WIRÉN, N., 2003: AtDUR3 encodes a new type of high-affinity urea/H$^+$ symporter in *Arabidopsis*. *Plant Cell* 15, 790-800.

MARSCHNER, H., 1995: Mineral nutrition of higher plants. 2nd Edition. Academic Press, London.

TOLLEY-HENRY, L.; RAPER, C.D., 1986: Utilization of ammonium as a nitrogen source. Effects of ambient acidity on growth and nitrogen utilization by soybean. *Plant Physiology* 82, 54-60.

WALCH-LIU, P.; NEUMANN, G.; BANGERTH, F.; ENGELS, C., 2000: Rapid effects of nitrogen form on leaf morphogenesis in tabacco. *Journal Experimental Botany* 51, 227-237.

VON WIRÉN, N.; GAZZARRINI, S.; GOJON, A.; FROMMER, W.B., 2000: The molecular physiology of ammonium uptake and retrieval. *Curr. Op. Plant Biol.* 3, 254-261.

WATSON, C.J.; MILLER, H.; POLAND, P.; KILPATRICK, D.J.; ALLEN, M.D.B.; GARRETT, M.K.; CHRISTIANSON, C.B., 1994: Soil properties and the ability of the urease inhibitor N-(n-Butyl)thiophosphoric triamide (nBTPT) to reduce ammonia volatilization from surface-applied urea. *Soil Biolology and Biochemistry* 26, 1165-1171.

Wurzelinduzierte Bodenvorgänge
14. Borkheider Seminar zur Ökophysiologie des Wurzelraumes
Hrsg.: W. Merbach, K. Egle, J. Augustin.
B. G. Teubner - Stuttgart • Leipzig • Wiesbaden (2004), S. 78 - 82

Ist der Porenverschlusseffekt organischer Beläge real?

Christian MIKUTTA, Friederike LANG und Martin KAUPENJOHANN

FG Bodenkunde, Institut für Ökologie, TU Berlin, Salzufer 11-12, D-10587 Berlin

Abstract

Recently, a 'pore clogging' effect of organic carbon coatings on soil mineral phases has been suggested based on N_2 adsorption studies. This effect may be biased due to the shrinkage of organic matter upon freeze-drying. We measured porosity and changes of the specific surface induced by adsorption of polygalacturonic acid (PGA) onto γ-AlOOH. Freeze-dried samples were analyzed with N_2 adsorption and moist samples using ^{1}H-NMR. Polygalacturonic acid significantly reduced the specific surface area (SSA_{BET}) of AlOOH in a freeze-dried state by 77 m^2 g^{-1}. The reduction in SSA_{BET} normalized to the amount of C sorbed was 5.7 m^2 mg^{-1} PGA-C. Polygalacturonic acid reduced the volume of larger pores. ^{1}H-NMR results of moist samples showed that PGA sorption did reduce the volume of pores <6 nm. In addition, the pore size maximum of AlOOH did increase by 150%. Obviously, PGA coatings create new interparticle pores of about 10-70-nm size which are not stable upon freeze-drying. Our results indicate that clogging of micro- and small mesopores is not an artifact of freeze-drying. Polygalacturonic acid seems not only to cover the mouth of AlOOH micropores but to fill them.

Einleitung

Verschiedene Autoren beobachten eine Verringerung der Mikroporen (<2 nm), wenn Bodenminerale mit organischem Kohlenstoff (OC) belegt werden (LANG und KAUPENJOHANN 2002, KAISER und GUGGENBERGER 2003). Die spezifische Oberfläche von Bodenproben nimmt zu, wenn der OC oxidativ entfernt wird (PENNEL et al. 1995, MAYER und XING 2001). Es gibt ferner Hinweise darauf, dass organische Beläge die Diffusion von Phosphat in die Poren von Eisenoxiden beeinflussen (GAUME et al. 2000, GRIMAL et al. 2001). Auf der Basis von N_2-Adsorptionsdaten erklären LANG und KAUPENJOHANN (2002) eine Erhöhung der MoO_4-Mobilisierung mit einer Verringerung des intrapartikulären Porenraums von Eisenoxiden durch organische Beläge. Porositätsmessungen mittels N_2-Adsorption sind nur nach Trocknung der zu untersuchenden Probe möglich.

Strukturelle Veränderungen organischer Beläge bei der Probenvorbereitung (Gefriertrocknung) können bislang nicht ausgeschlossen werden. Die Dehydratation adsorbierter organischer Makromoleküle könnte zu deren Schrumpfung und damit zu einer Verringerung der bedeckten Oberfläche führen (siehe de JONGE und MITTELMEIJER-HAZELEGER 1996). Eine Verdichtung adsorbierter organischer Makromoleküle infolge der Probenvorbereitung und damit eine Verstärkung des gemessenen Porenverschlusseffektes bei 77 K erscheinen ebenso möglich. Das Ziel dieser Studie bestand darin, mögliche systematische Fehler der N_2-Adsorptionsdaten aufzudecken. Dazu wurde der Porenverschlusseffekt eines organischen Belages auf einer porösen Mineraloberfläche im trockenen Zustand (N_2-Adsorption) und im feuchten Zustand (1H-NMR-logging) quantifiziert. Ein schwach kristallines Aluminium Oxihydroxid (Boehmit) wurde synthetisiert und mit Polygalacturonsäure (PGA) als Modellsubstanz für makromolekulare, wasserunlösliche **Polysaccharid-Wurzelexudate (Mucilagen)** der Rhizosphäre (GESSA und DEIANA 1992, GRIMAL et al. 2001) konditioniert. Die Porenvolumen und Oberflächen gefriergetrockneter PGA-belegter und unbelegter Proben wurden mit N_2-Adsorption gemessen. Die Porositätsveränderungen feuchter Proben wurden mit 1H-NMR erfasst.

Material und Methoden

Aluminium-Oxihydroxid

Ein mikroporöses Aluminiumoxihydroxid wurde nach GOLDBERG (2001) synthetisiert, gewaschen, auf pH 4,7 eingestellt und bei 476,0 Pa gefriergetrocknet (Christ, alpha 2-4 freeze drier, Osterode, Germany). Pulverpräparate wurden mittels Röntgenbeugung (Siemens-D 5005) charakterisiert.

Polygalacturonsäure (PGA)

Die Polygalacturonsäure ($C_6H_8O_6$, Aldrich) besaß 86%ige Reinheit und enthielt keine anderen Zucker. Das Molekulargewicht lag zwischen 4,000-6,000 g mol^{-1}. Der C-Gehalt betrug (374 ± 4) mg g^{-1} auf Trockenbasis (Carlo Erba C/N NA 1500N Analyser). Für die Konditionierung des AlOOH wurden Lösungen mit der Konzentration (956 ± 11) mg L^{-1} angesetzt.

Adsorption

Ein Gramm des Adsorbenten wurde mit 40 mL PGA-Lösung (pH 4.7) für 24 h auf einem Rotationsschüttler bei 8 rpm, 298 K in der Dunkelheit konditioniert. Zehn ml der PGA/AlOOH-Suspension wurde bei 10,000 x g 30 min zentrifugiert, und anschließend der C-Gehalt mit einem Shimadzu TOC-5050A-Autoanalyser (Shimadzu Corporation, Tokyo, Japan) bestimmt. Der adsorbierte PGA-C wurde aus der Differenz der initialen und finalen Lösungskonzentration berechnet. Ein Teil der Proben wurde gefriergetrocknet, ein weiterer verblieb feucht bei 281 K.

Oberflächen- und Porositätmessung – N_2 Adsorption

Die spezifische Oberfläche (SSA_{BET}) wurde mit einem Quantachrome Autosorb-1-C Automated Gas Sorption System (Quantachrome, Syosset, NY) mit N_2 als Adsorbat bestimmt. Die Mikroporen wurden nach der t-V Methode (de BOER et al. 1966) analysiert. Die Mesoporenverteilung (2-50 nm) wurde nach der BJH-Methode (BARRETT et al. 1951) berechnet. Die mittlere Porengröße (D_p) der Proben wurde aus dem adsorbierten Gasvolumen bei 0.995 P/P_0 und der SSA_{BET} errechnet.

Porositätsmessungen feuchter Proben – 1H-NMR logging

Die Messung der transversalen Relaxationszeit (T2) wurde an einem Maran Ultra- 2 MHz NMR-Spektrometer (Resonance Instruments Ltd., UK) bei 288 K durchgeführt (CPMG 90°-τ-180°-Pulssequenz). Die Porengrößenverteilung der Proben ergibt sich aus der Verteilung der T2-Zeitkonstanten, ermittelt mit WinDXP Software und wurde über das Wasservolumen und die BET-Oberfläche in der Probe nach KLEINBERG (1996, S.765) in eine Porengrößenverteilung umskaliert. Alle Analysen wurden für PGA-belegten Boehmit vierfach und für die unbelegte Kontrolle dreifach durchgeführt.

Ergebnisse und Diskussion

XRD-Analyse

Das synthetisierte Material zeigte die für schwach kristallinen Boehmit (γ-AlOOH) typischen Peaks und Peakpositionen (BERRY 1974). Es gab keine Anzeichen einer PGA-induzierten Phasentransformation.

Analyse der gefriergetrockneten Proben: Oberflächen und Porositäten

Tabelle 1 illustriert den Rückgang der spezifischen Oberflächen und Porositäten im Vergleich zur Kontrollvariante. Die PGA-Beläge reduzieren das totale Porenvolumen um 27% ($P < 0.001$). Das Mikroporenvolumen geht um 42% ($P < 0.001$) zurück (Tab.1).

Analyse der feuchten Proben: 1H-NMR Porosität

In Abbildung 1 sind die Porengrößenverteilungen des unbehandelten und PGA belegten AlOOH dargestellt. Die PGA-Adsorption führt zu einem Verlust an Mikro- und kleinen Mesoporen ($<\sim 6$ nm) sowie zu einer Verschiebung der mittleren Porengröße hin zu größeren Poren (Abb.1).

Tab.1. Spezifische Oberfläche, Porosität und mittlere Porengröße D_p.

Probe	SSA_{BET}†	SSA_{MP}‡	V_T§	V_{MP}#	Mittlere Porengröße D_p
	$M^2\,g^{-1}$	$m^2\,g^{-1}$	$mm^3\,g^{-1}$	$mm^3\,g^{-1}$	nm
AlOOH	211(18)	169 (15)	227 (20)	97 (6)	4,3 (0,2)
AlOOH/PGA	134 (6)***	89 (6)***	166 (10)***	56 (3)***	4.9 (0,3)*
PGA	0,33 (0,05)		2,2 (1,1)		26 (9)

† BET Oberfläche, ‡ Mikroporenoberfläche, § Totales Porenvolumen, # Mikroporenvolumen. Werte in Klammen repräsentieren die Standardabweichung. n = 4 für PGA-belegtes AlOOH, n = 3 für AlOOH, n = 2 für PGA. Signifikanzniveaus: $P < 0,05$ (*); 0,01 (**); 0,001 (***). NS: nicht signifikant.

Trocknungseffekt

Die Ergebnisse belegen einen Verlust an Mikro- und kleinen Mesoporen im feuchten und gefriergetrockneten Zustand. Der postuliete Porenverschluss-effekt ist somit kein Artefakt der Gefriertrocknung. Die ^{1}H-NMR Ergebnisse zeigen, dass PGA-Moleküle nicht nur die Mikroporen des Adsorbenten bedecken, sondern diese z.T. ausfüllen. Die PGA-Beläge bewirken einen Anstieg der mittleren Porengröße um 150%. Nach Probentrocknung ist der Anstieg bedeutend geringer

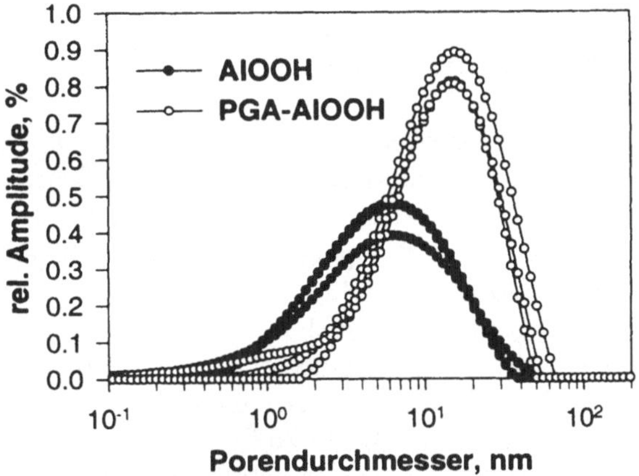

Abb.1. Porengrößenverteilung des reinen und PGA-belegten Boehmits.

(14 %). Die PGA-induzierten Porengrößenveränderungen werden also von der Trocknung beeinflusst. Eine PGA-induzierte Mikroaggregatbildung auf nm-Ebene wird vermutet. Das mit ^{1}H-NMR gemessene zusätzliche Porenvolumen im ~10-70-nm Bereich konnte an gefriergetrockneten Proben nicht festgestellt werden. Unsere Ergebnisse lassen den Schluss zu, dass (i) mit der Gefriertrocknung labiles interpartikuläres Porenvolumen verloren geht und (ii) N_2-Adsorptionsdaten die veränderte Zugänglichkeit von Mikro- und kleinen Mesoporen durch organische Beläge gut widerspiegeln.

Danksagung

Diese Studie wurde von der DFG finanziell unterstützt. Wir möchten uns namentlich bei Michael-Roger Klatt (Hannover), Robert Mikutta (Halle/Saale.) und Martin Müller (Berlin) für ihre Mithilfe bedanken.

Literaturverzeichnis

BARRETT, E.P.; JOYNER, L.G.; HALENDA, P.P., 1951: The determination of pore volume and area distributions in porous substances. I. Computations from nitrogen isotherms. *J. Amer. Chem. Soc.* 73, 373–380.

BERRY, L.G., 1974: Selected powder diffraction data for minerals. Joint Committee of Powder Diffraction Standards. 1601 Park Lane, Swarthmore, PA 19081.

DE BOER, J.H.; LIPPENS, B.C.; LINSEN, B.G.; BROEKHOFF, J.C.P.; VAN DEN HEUVEL, A.; OSINGA, T.V. 1966: T-curve of multimolecular N_2-adsorption. *Journal Colloid Interface Science* 21, 405-414.

DE JONGE, H.; MITTELMEIJER-HAZELEGER, M.C., 1996: Adsorption of CO_2 and N_2 on soil organic matter: nature of porosity, surface area and diffusion mechanisms. *Environmental Science and Technology* 30, 408-413.

GAUME, A.; WEIDLER, P.G.; FROSSARD, E., 2000: Effect of maize root mucilage on phosphate adsorption and exchangeability on a synthetic ferrihydrite. *Biology and Fertility of Soils* 31, 525-532.

GESSA, C.; DEIANA, S., 1992: Ca-polygalacturonate as a model for a soil-root interface. II. Fibrillar structure and comparison with natural root mucilage. *Plant and Soil* 140, 1-13.

GOLDBERG, S.; LEBRON, I.; SUAREZ, D.L.; HINEDI, Z.R., 2001: Surface characterization of amorphous aluminum oxides. *Soil Science Society of America Journal* 65, 78-86.

GRIMAL, J.Y.; FROSSARD, E.; MOREL, J.L., 2001: Maize root mucilage decreased adsorption of phosphate on goethite. *Biology and Fertility of Soils* 33, 226-230.

KAISER, K.; GUGGENBERGER, G., 2003: Mineral surface and soil organic matter. *European Journal of Soil Science* 54, 1-18.

KLEINBERG, R.L., 1996: Utility of NMR T2 distributions, connection with capillary pressure, clay effect, and determination of the surface relaxivity parameter ρ_2. *Magnetic Resonance Imaging* 14, 761-767.

LANG, F.; KAUPENJOHANN, M., 2002: Immobilisation of molybdate by iron oxides: effect of organic coatings. *Geoderma* 1910, 1-16.

MAYER, L.M.; XING, B., 2001: Organic matter-surface area relationships in acid soils. *Soil Science Society of America Journal* 65, 250-258.

PENNEL, K.; BOYD, S.; ABRIOLA, L., 1995: Surface area of soil organic matter reexamined. *Soil Science Society of America Journal* 59, 1012-1018.

Wurzelinduzierte Bodenvorgänge
14. Borkheider Seminar zur Ökophysiologie des Wurzelraumes
Hrsg.: W. Merbach, K. Egle, J. Augustin.
B. G. Teubner - Stuttgart • Leipzig • Wiesbaden (2004), S. 83 - 89

Bedeutung des Schwefels für die Stickstoff-Fixierung von Erbsen (*Pisum sativum*) - erste Ergebnisse

Svea PACYNA[1], Margot SCHULZ[2] und Heinrich W. SCHERER[1]

[1] Institut für Pflanzenernährung der Rheinischen Friedrich-Wilhelms-Universität Bonn, Karlrobert-Kreiten-Str. 13, D-53115 Bonn; E-Mail: h.scherer@uni-bonn.de
[2] Institut für Landwirtschaftliche Botanik der Rheinischen Friedrich-Wilhelms-Universität Bonn, Karlrobert-Kreiten-Str. 13, D-53115 Bonn

Abstract

In the present studies the influence of sulfur nutrition of peas (*Pisum sativum* L.) on the carbohydrate supply of the root nodules as well as on the energy status and on the ferredoxin concentration of the bacteroids was investigated.

Sulfur deficiency resulted in: (a) a lower carbohydrate- (saccharose and glucose) supply of the root nodules, (b) lower ATP- and ADP-concentrations and also in a lower energy charge in the bacteroids of nodules. Further preliminary results show lower ferredoxin concentrations in the bacteroids of S deficient peas.

Einleitung

Da in den letzten Jahren der anthropogen bedingte Schwefeleintrag stark rückläufig ist, werden bei ackerbaulich genutzten Kulturpflanzen verstärkt Schwefelmangelsymptome beobachtet. Betroffen davon sind auch Leguminosen, bei denen eine nicht ausreichende Schwefelversorgung u.a. zu einer geringeren Trockenmasseproduktion, einem geringeren Chlorophyllgehalt und somit einer eingeschränkten Photosyntheserate führt (DEBOER und DUKE 1982, KUHLMANN et al. 1982, SEXTON et al. 1997, LANGE 1998). Des weiteren ist die Proteinbiosynthese wegen limitierter Methionin- und Cysteinsynthese beeinträchtigt (SPENCER et al. 1990). Der Bedeutung des Schwefels für die N_2-Fixierung wurde jedoch seither relativ wenig Beachtung geschenkt. Ursache hierfür könnte die schwierige Unterscheidung zwischen einer direkten Auswirkung einer nicht optimalen Schwefelversorgung auf die N_2-Fixierung der Rhizobien oder einer indirekten über die Störung des Stoffwechsels der Pflanze sein.

Untersuchungen von LANGE und SCHERER (1994) bringen zum Ausdruck, dass Schwefelmangel die N_2-Fixierung eher indirekt über ein reduziertes Wachstum und somit einem geringeren N-Bedarf der Wirtspflanze zu beeinflussen scheint.

Als weitere indirekte Beeinflussung der N_2-Fixierungsleistung bei Schwefelmangel wäre die Beeinflussung des Energiehaushaltes der Leguminosen denkbar.

Leguminosen benötigen ATP nicht nur für Transportvorgänge, sondern auch zur Fixierung und Assimilation von Stickstoff in den Knöllchen. Neben ATP-Gehalten übernimmt die „energy charge" (Energieladung) eine Indikatorfunktion für den Energiezustand der Pflanze. Diese stellt das Verhältnis energiereicher Adeninnucleotide zur Gesamtmenge der Adeninnucleotide dar und wird wie folgt berechnet: (ATP + 0,5*ADP)/(ATP + ADP + AMP).

Dabei können Werte zwischen 0 und 1 erreicht werden, wobei eine „energy charge" von 1 den höchsten Energiezustand in einer Zelle beschreibt.

Die Kohlenhydrate Saccharose und Glucose werden in Knöllchen primär benötigt, um den Energie- und Kohlenstoffskelett-Bedarf für die biologische Stickstoff-Fixierung, die Ammoniakassimilation und den Abtransport des fixierten Stickstoffs in den Spross zu decken. So setzen VANCE und HEICHEL (1991) einen durchschnittlichen Bedarf von ca. 6 g C pro g fixiertem Stickstoff an, was auf die starke Abhängigkeit der Fixierungsleistung der Bakteroide von einer ausreichenden Energie- und Kohlenstoffanlieferung und damit einer optimalen Photosyntheseleistung der Pflanze hinweist. Eine durch Schwefelmangel verursachte reduzierte Photosyntheseleistung könnte sich somit indirekt negativ auf die N_2-Fixierung auswirken.

Schwefel ist neben Eisen ein essentieller Baustein des Metallproteins Ferredoxin, das als Redoxsystem an der Reduktion des N_2 zu NH_3 am Nitrogenase-Komplex beteiligt ist. Unzureichende S-Versorgung der Bakteroide dürfte sich somit negativ auf die N_2-Fixierung auswirken.

In den hier vorgestellten Untersuchungen sollte überprüft werden, ob sich eine suboptimale Schwefelversorgung indirekt über die Beeinflussung der „energy charge" und des Kohlen-hydratstoffwechsels oder direkt über die Synthese von Ferredoxin in den Bakteroiden auf die reduzierte N_2-Fixierung auswirkt.

Material und Methoden

Versuchsaufbau

Gebeiztes und beimpftes Saatgut wurde in gewaschenen Sand ausgesät und die Jungpflanzen im 2-Blatt-Stadium in Kick-Brauckmann-Gefäße umgepflanzt. Als Kultursubstrat diente Perlite (500 g/Gefäß; Körnung: 0-3 mm). Die Bewässerung der Versuchsgefäße erfolgte zu Beginn der Versuche mit verdünnten Düngerlösungen, die auch Mikronährstoffe enthielten (Gesamtmenge/Gefäß: 100 mg N als Startgabe, 654 mg P, 1660 mg K, 500 mg Mg, 172 mg Na, 100 mg Fe, 20 mg Cu, 20 mg Zn, 20 mg Mn, 5 mg B, 5 mg Mo, 5 mg Co und 5 g $CaCO_3$) und später mit deionisiertem Wasser auf eine max. Wasserkapazität von 100 %. Schwefel wurde in zwei Stufen zugeführt:

- ohne Schwefel (S_0)
- mit optimaler S-Düngung = 200 mg SO_4-S/Gefäß (S_{200}).

Da in einer Versuchsreihe in der S_0-Variante Seneszenzerscheinungen im Jugendstadium der Erbsen zu beobachten waren, wurden in der S_0-Variante 20 mg S/Gefäß nachgedüngt.

Erntetechnik und Weiterverarbeitung der Proben

Die erste Ernte erfolgte fünf bzw. sieben Wochen nach der Aussaat der Pflanzen und danach im wöchentlichen Rhythmus über einen Zeitraum von bis zu sieben Wochen. Dabei wurden die Versuchspflanzen nach Spross und Wurzel getrennt geerntet, bis zur Gewichtskonstanz getrocknet, gewogen und anschließend gemahlen.

Vor dem Trocknen wurden die Wurzeln nach dem Abtrennen des Sprosses vorsichtig mit Wasser von anhaftendem Substrat befreit. Unmittelbar danach erfolgte mittels Pinzetten zügig das vorsichtige Isolieren der Knöllchen in einem Eisbad (4° C), um einen eventuell stattfindenden Abbau der Adeninnucleotide und Kohlenhydrate zu verhindern bzw. zumindest zu minimieren.

Die für die Energiemessungen erforderliche Bakteroid-Isolierung aus den Wurzelknöllchen wurde nach dem Verfahren von PRICE et al. (1987) durchgeführt.

Alle gewonnenen und homogenisierten Proben wurden vor den jeweiligen Nachweisverfahren 10 Minuten auf 100° C erhitzt, um durch eine Proteindenaturierung nicht nur einen enzymatischen Abbau der Energie und Kohlenhydrate in den Proben, sondern auch Wechselwirkungen zwischen den natürlich vorkommenden und den zur Messung zugesetzten Enzymen zu verhindern.

Nachweisverfahren

Die Messung des ATPs in den zuvor isolierten Bakteroiden erfolgte mittels Luminometer. Dabei geht bei der Biolumineszenz der Aussendung von Licht eine enzymatisch gesteuerte Oxidation, für die zum Reaktionseintritt Luciferin, Mg^{2+}, O_2 und ATP notwendig sind, voraus. AMP und ADP wurden nach der Methode von BERGMEYER (1988) zunächst zu ATP phosphorylisiert.

Die Messung der Saccharose- und D-Glucose-Gehalte der Knöllchen wurde mit Hilfe eines UV-Tests durchgeführt. Die Messung der Saccharose erfolgte nach enzymatischer Hydrolyse zu D-Glucose.

Der Ferredoxin-Nachweis erfolgte nach elektrophoretischer Auftrennung der Proben mittels Western-Immunoblotting.

Die S-Gehalte wurden mittels C/N/S-Analyzer bestimmt.

Erste Ergebnisse

Ertragsbildung

Im Vergleich zur optimalen S-Versorgung resultierte S-Mangel in reduzierten Sprosstrockenmasse- und Knöllchenfrischmasse-Erträgen (Ergebnisse nicht dargestellt). Diese Unterschiede konnten bei den Wurzeltrockenmasse-Erträgen zunächst nicht festgestellt werden, traten aber nach einer Änderung der Applikationstechnik der Nährlösungen in Erscheinung.

Die im Erbsenspross gemessenen S-Gehalte der optimal versorgten Variante (S_{200}) liegen deutlich über

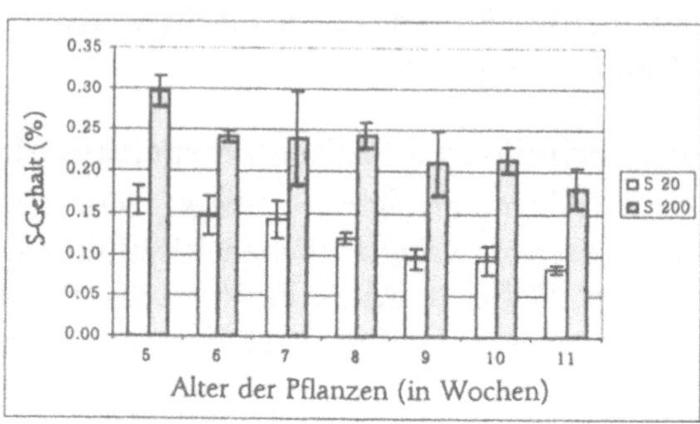

Abb. 1. Einfluss differenzierter S-Düngung (S_{20} und S_{200}) auf die Entwicklung des Schwefelgehaltes im Spross der Erbse

den S-Gehalten der unterversorgten Variante S_{20} (Abb.1) und bestätigen somit die festgestellten Unterschiede in den Sprosstrockenmasse-Erträgen zwischen den zwei S-Düngungsvarianten S_{20} und S_{200} .

Energiestatus der Bakteroide

Aufgrund enzymatischer und physikochemischer Untersuchungen werden ungefähr vier Mol ATP pro durch die Nitrogenase transferiertem Elektronenpaar benötigt, so dass pro Mol fixiertem Stickstoff mindestens 16 Mol ATP verbraucht werden (BERGENSEN 1991). LAYZELL (1998) misst dem ATP/ADP-Verhältnis und CHING et al. (1975) zusätzlich der energy charge in den Bakteroiden eine wichtige Indikatorfunktion für den Energiestoffwechsel zu. Untersuchungen über den Einfluss der S-Versorgung auf die Gehalte an ATP, ADP und AMP bzw. die energy charge liegen seither in der Literatur allerdings nicht vor, sie können aber einen wichtigen Hinweis liefern, inwiefern eine verminderte N_2-Fixierung bei S-Mangel in Beziehung zum energetischen Zustand steht.

Die Untersuchungen des ATP-, ADP- und AMP-Gehaltes in den Bakteroiden der Erbsenknöllchen und die darauf basierende Berechnung der „energy charge" bringen zum Ausdruck, dass diese während des gesamten Untersuchungszeitraums von drei Wochen in der optimal mit S gedüngten Variante (S_{200}) im Vergleich zur S-Mangelvariante (S_0) höhere Werte aufweist (Abb. 2). Hieraus könnte eine indirekte Beeinflussung der N_2-Fixierungsleistung bei Schwefelmangel abgeleitet werden.

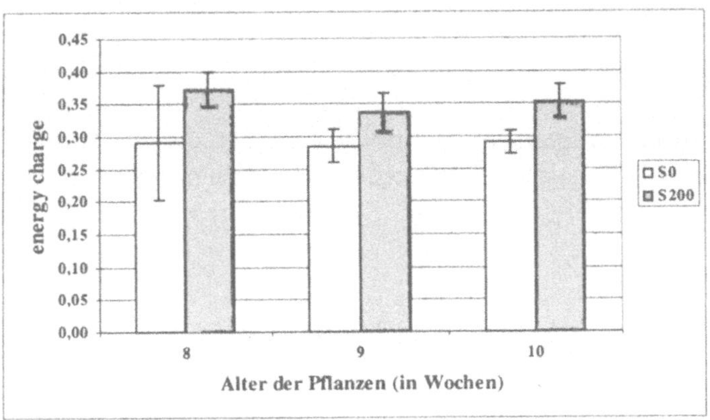

Abb. 2. Einfluss differenzierter S-Düngung (S_0 und S_{200}) auf die Entwicklung der energy charge in Bakteroiden der Erbsenknöllchen

Kohlenhydratgehalt der Knöllchen

Die Kohlenhydratversorgung der Knöllchen durch die Wirtspflanze spielt im Hinblick auf die N_2-Fixierung eine bedeutende Rolle (MENGEL et al. 1974). So soll nach HARTWIG und NÖSBERGER (1994) eine verminderte Kohlenhydratanlieferung an die Knöllchen eine entscheidende Begrenzung für deren N_2-Fixierungsleistung darstellen. Auch MERBACH und SCHILLING (1980) unterstreichen die Bedeutung eines ausreichenden CO_2-Assimilationsvermögens der Wirtspflanze und somit der Bereitstellung von Kohlenhydraten durch die Wirtspflanze für eine optimale N_2-Fixierung.

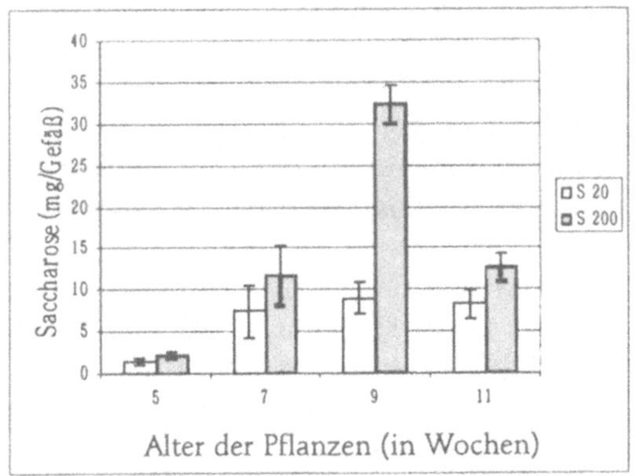

Abb. 3. Einfluss differenzierter S-Düngung (S_{20} und S_{200}) auf die Saccharose-Bildung in Erbsenknöllchen

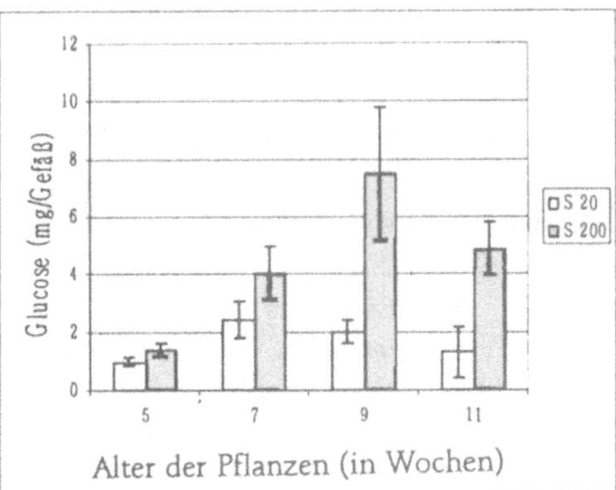

Abb. 4. Einfluss differenzierter S-Düngung (S_{20} und S_{200}) auf die Glucose-Bildung in Erbsenknöllchen

In den vorliegenden Untersuchungen weisen die Knöllchen der optimal mit Schwefel versorgten Erbsen im Vergleich zu der S-Mangel-Variante über den gesamten Untersuchungszeitraum von sieben Wochen höhere Saccharose- und Glucosegehalte auf (Abb. 3 und 4).

Ferredoxin

Erste Untersuchungen mittels Western-Immunoblotting über die Bedeutung des Schwefels für den Ferredoxin-Gehalt in Bakteroiden der Erbsenknöllchen zeigen, dass dieser bei supotimaler Schwefelversorgung (S_{20}) reduziert ist.

Danksagung

Die Autoren danken der DFG für die finanzielle Förderung des Projekts.

Literaturverzeichnis

BERGERSEN, F. J., 1991: Physiological control of nitrogenase and uptake hydrogenase. In: DILWORTH, M.J.; GLENN, R.A.,: *Biology and Biochemistry of Nitrogen Fixation*, 76-102.

BERGMEYER, H.U., 1988: Methods of Enzymatic Analysis. 3rd Edition, Verlag Chemie, Weinheim.

CHING, T.M.; HEDTKE, S.; RUSSELL, S.A.; EVANS, H.J., 1975: Energy state and dinitrogen fixation in soybean nodules of dark-grown plants. *Plant Physiology* 55, 796-798.

DEBOER, D.L.; DUKE, D.H., 1982: Effects of sulphur nutrition and carbon metabolism in lucerne (*Medicago sativa* L.). *Plant Physiology* 54, 343-350.

KUHLMANN, K.P.; STRIPF, R.; WÄTJEN, U.; RICHTER, F.W.; GLOYSTEIN, F.; WERNER, D., 1982: Mineral composition of effective and ineffective nodules of *Glycine max* in comparison to roots: Characterization of developmental stages by differences in nitrogen, hydrogen, sulfur, molybdenum, potassium and calcium content. *Angewandte Botanik* 56, 315-323.

HARTWIG, U.A.; NÖSBERGER, J. 1994: What triggers the regulation of nitrogenase acitivity in forage legume nodules after defoliation? *Plant and Soil* 161, 109-114.

LANGE A. 1998: Einfluss der Schwefel-Versorgung auf die biologische Stickstoff-Fixierung von Leguminosen. Dissertation an der Rheinischen Friedrich-Wilhelms-Universität Bonn.

LANGE A.; SCHERER H.W. 1994: Influence of sulphur nutrition on N_2-fixation of legumes. *Proceedings of the Third Congress of the European Society of Agronomy*, 518-519.

LAYZELL D.B. 1998: Oxygen and the control of nodule metabolism and N2 fixation. In: ELMERICH et al.: *Biological Nitrogen Fixation for the 21st century*, Kluwer Academic Publishers, Netherlands, 435-440.

MERBACH, W.; SCHILLING, G. 1980: Wirksamkeit der symbiontischen N_2-Fixierung der Körnerleguminosen in Abhängigkeit von der Rhizobienimpfung, Substrat, N-Düngung und ^{14}C-Saccharoseanlieferung. *Zbl. Bakt. Abt. II,* 135, 99-118.

MENGEL, K.; HAGHPARAST, M.-R.; KOCH, K., 1974: The effect of potassium on the fixation of molecular nitrogen by root nodules of Vicia faba. *Plant Physiology* 54, 535-538.

PRICE, G.D.; DAY, D.A.; GRESSHOFF, P.M., 1987: Rapid isolation of intact peribacteroid envelopes from soybean nodules and demonstration of selective permeability to metabolites. *Plant Physiololgy* 130, 157-164.

SEXTON, P.J.; BATCHELOR, W.D.; SHIBLES, R., 1997: Sulfur availability; rubisco content, and photosynthetic rate of Soybean. *Crop Science* 37, 1801-1806.

SPENCER, D.; RERIE, W.G.; RANDALL, P.J.; HIGGINS, T.V.J., 1990: The regulation of pea seed storage protein genes by sulfur stress. *Australian Journal of Plant Physiology* 17, 355-363.

VANCE, C.P.; HEICHEL, G.H., 1991: Carbon in N_2 fixation: limitation or exquisite adaptation. Zit. In: MARSCHNER H. 1995: *Mineral Nutrition of higher plants.* Second edition, Academic Press.

Wurzelinduzierte Bodenvorgänge
14. Borkheider Seminar zur Ökophysiologie des Wurzelraumes
Hrsg.: W. Merbach, K. Egle, J. Augustin.
B. G. Teubner - Stuttgart • Leipzig • Wiesbaden (2004), S. 90 - 91

The role of sodium exclusion for the osmotic potential in the rhizosphere. Comparison of two maize cultivars differing in Na^+ uptake

Doris VETTERLEIN[1,3,] Katharina KUHN[1], Sven SCHUBERT[2], and Reinhold JAHN[1]

[1] Institute of Soil Science and Plant Nutrition, Martin-Luther-University Halle-Wittenberg, Weidenplan 14, D-06108 Halle/Saale, Germany
[2] Institute of Plant Nutrition, IFZ, Heinrich-Buff-Ring 26-32, D-35392 Gießen, Germany
[3] e-mail: vetterlein@landw.uni-halle.de

Abstract

According to the biphasic model of growth response to salinity, growth is first reduced by a decrease in the soil osmotic potential (Ψ_o), i.e. growth reduction is an effect of salt outside rather than inside the plant and genotypes differing in salt resistance respond identically in this first phase. However, if genotypes differ in Na^+ uptake as it has been described for the two maize cultivars Pioneer 3906 and Across 8023, this should result in differences in Na^+ concentrations in the rhizosphere soil solution and thus in the concentration of salt outside the plant. It was the aim of the present investigation to test this hypothesis and to investigate the effect of such potential differences in soil Ψ_o caused by Na^+ exclusion on plant water relations. Sodium exclusion at the root surface of intact plants growing in soil was investigated by sampling soil solution from the rhizosphere of two maize cultivars. Plants were grown in a model system, consisting of a root compartment separated from the bulk soil compartment by a nylon net (30 µm mesh size), which enabled independent measurements of the change of soil solution composition and soil water content with increasing distance from the root surface (nylon net).

Across 8023 accumulated higher amounts of sodium in the shoot compared to the excluder (Pioneer 3906). The lower Na^+ uptake in the excluder was partly compensated by higher K^+ uptake. Pioneer 3906 not only excluded sodium from the shoot but also restricted sodium uptake more efficiently from roots relative to Across 8023. This was reflected by higher Na^+ concentration in the rhizosphere soil solution of the excluder 34 days after planting. The difference in Na^+ concentration in rhizosphere soil solution between cultivars was neither due to differences in transpiration and thus in mass flow, nor due to differences in actual soil water content. As the lower Na^+ uptake of the excluder (Pioneer 3906) was only partly compensated by increased uptake of K^+, soil Ψ_o in the rhizosphere of the excluder was more negative compared to Across 8023. However, no significant negative effect of decreased soil Ψ_o on plant water relations (transpiration rate, leaf Ψ_o, leaf water potential, leaf area) could be detected. This may be explained by the fact that significant differences in soil Ψ_o between the two cultivars occurred only towards the end of the experiment (27 DAP, 34 DAP).

4
Zusammensetzung und Funktion wurzelbürtiger C- und N-Verbindungen

Wurzelinduzierte Bodenvorgänge
14. Borkheider Seminar zur Ökophysiologie des Wurzelraumes
Hrsg.: W. Merbach, K. Egle, J. Augustin.
B. G. Teubner - Stuttgart • Leipzig • Wiesbaden (2004), S. 95 - 100

Wasserlösliche Zucker und Carbonsäuren in der Rhizosphäre von Erbsen, Zuckerrüben und Sommergerste unter Feldbedingungen

Annette DEUBEL und Wolfgang MERBACH
Institut für Bodenkunde und Pflanzenernährung der Martin-Luther-Universität Halle-Wittenberg, Adam-Kuckhoff-Straße 17 b, D-06108 Halle / Saale

Abstract

Water-soluble organic compounds were determined in the rhizosphere of spring barley (*Hordeum vulgare*), pea (*Pisum sativum*) and sugar beet (*Beta vulgaris*) growing in a long-term fertilization trial with varied lime and phosphorus fertilization. The identified substances include root exudates, their microbial metabolites and products of microbial decomposition of roots, plant and humus residues. Under field conditions, a remarkable accumulation of potentially nutrient mobilizing carboxylic acids and lower amounts of neutral substances were found in comparison to isotope labelled root exudates in pot experiments. The composition of water-soluble substances was highly affected by plant species, whereas fertilization effects were not significant.

A plant influence on soil pH and phosphorus dynamics was detectable in October after the harvest of all crops (acidification by pea and sugar beet; increased P availability after pea; reduced double-lactate soluble P contents, but increased P release after repeated water extraction after sugar beet).

Einleitung

Die Rhizodeposition höherer Pflanzen macht mit bis zu 20 % der Nettoassimilation einen erheblichen Anteil am Kohlenstoffhaushalt aus. Unter Verwendung von Gefäßversuchen und einer $^{14}CO_2$-Markierung wurzelbürtiger Verbindungen wurde ein hoher Anteil (ca. 80 %) wasserlöslicher Verbindungen festgestellt, welche wiederum hauptsächlich aus Zuckern (60-90 %) sowie Aminosäuren, Amiden und Nichtamino-Carbonsäuren bestehen (GRANSEE and WITTENMAYER 2000, HÜTSCH et al. 2002, MERBACH et al. 1999). Die Zusammensetzung des wasserlöslichen Anteils der organischen Rhizodeposition wird entscheidend durch Pflanzenart und –sorte, aber auch den Ernährungszustand, beispielsweise die P-Ernährung bestimmt. Auf der anderen Seite ist bekannt, dass Wurzelabscheidungen direkt (GRANSEE 2003, RYAN et al. 2001, SCHILLING et al. 1998) sowie indirekt über die Rhizosphärenflora (DEUBEL et al. 2000, DEUBEL and MER-BACH 2004) die Mobilität von Nährstoffen im Boden beeinflussen.

Vor diesem Hintergrund stellten sich folgende Fragen:

- Lassen sich solche Verbindungen auch unmarkiert im Feld nachweisen und zeigen sich auch hier Unterschiede in Abhängigkeit von Pflanzenart und Ernährung?

- Sind Einflüsse der Pflanzenart auf die Nährstoffdynamik im Boden erkennbar?

Material und Methoden

Pflanzen- und Bodenproben wurden dem durch KARL SCHMALFUß 1949 in Halle / Saale (Haplic Phaeozem) angelegten Kalkdüngungsversuch entnommen, der seit 1980 auch Varianten mit und ohne P-Düngung umfasst. Die drei Fruchtfolgeglieder Leguminose – Hackfrucht – Getreide werden auf drei Teilstücken in jedem Jahr auch parallel angebaut. Zur Bestimmung organischer Verbindungen in der Rhizosphäre wurden Ende Mai / Anfang Juni Pflanzenproben von Erbsen, Zuckerrüben und Sommergerste entnommen. Folgende Varianten wurden untersucht:

- ungekalkt (seit 1949), ohne P-Düngung (seit 1980) (-Ca-P)
- ungekalkt mit P-Düngung (-Ca+P)
- 20 dt CaO $ha^{-1}a^{-1}$ ohne P-Düngung (+Ca-P)
- 20 dt CaO $ha^{-1}a^{-1}$ mit P-Düngung (+Ca+P)

Die Bodenprobenahme erfolgte nach der Ernte im Oktober, wenn routinemäßig auch Proben für die Düngebedarfsermittlung gezogen werden.

Gewinnung und Analyse organischer Verbindungen in der Rhizosphäre:

In Anlehnung an GRANSEE und WITTENMAYER (2000) wurden die Wurzeln der vorsichtig im Feld entnommenen Pflanzen mit anhaftendem Boden für 2 min in dest. H_2O gespült. Die entstehende Lösung wurde zentrifugiert, gefriergetrocknet und über Ionenaustauscher (SAX und SCX) in eine saure, eine neutrale und eine alkalische Fraktion getrennt. Die Auftrennung organischer Säuren in der sauren Fraktion erfolgte am HPLC mit einer Aminex HPX-87H Säule und 10 mM Perchlorsäure als Laufmittel. Für die Trennung neutraler Verbindungen wurde eine RCM monosaccharide (calcium)-Säule und H_2O als Laufmittel verwendet.

Die Bodenproben wurden auf pH-Wert, Doppellaktat-lösliche P-Gehalte (DL-P), sowie P-Nachlieferungsvermögen untersucht (vgl.DEUBEL et al. 2002).

Ergebnisse und Diskussion

Natürlich werden bei der Analyse wasserlöslicher organischer Verbindungen in der Rhizosphäre nicht nur Wurzelabscheidungen erfasst. Die identifizierten Substanzen enthalten sowohl

- wasserlösliche Wurzelabscheidungen
- deren mikrobielle Umsetzungsprodukte
- Abbauprodukte von Wurzeln und Rückständen der Vorfrucht
- Humusabbauprodukte.

Da die Pflanzen aber letztlich all diese Fraktionen direkt oder indirekt über ihre spezifische Rhizosphärenflora beeinflussen, ist es durchaus interessant, Menge und Zusammensetzung wasserlöslicher organischer Verbindungen im Wurzelraum auch unabhängig von ihrer Herkunft zu untersuchen.

Abb. 1 zeigt die Zusammensetzung der sauren Fraktion in Abhängigkeit von Fruchtart und Düngung, Abb. 2 die der neutralen Fraktion. Vergleicht man beide Abbildungen, fällt zunächst auf, dass in allen Fällen deutlich mehr saure als neutrale Substanzen gefunden wurden, obwohl die Pflanzen selbst überwiegend Zucker abscheiden (GRANSEE and WITTENMAYER 2000, HÜTSCH et al. 2002, KRAFFCZYK et al. 1984) und Säuren im Boden eher immobilisiert werden als

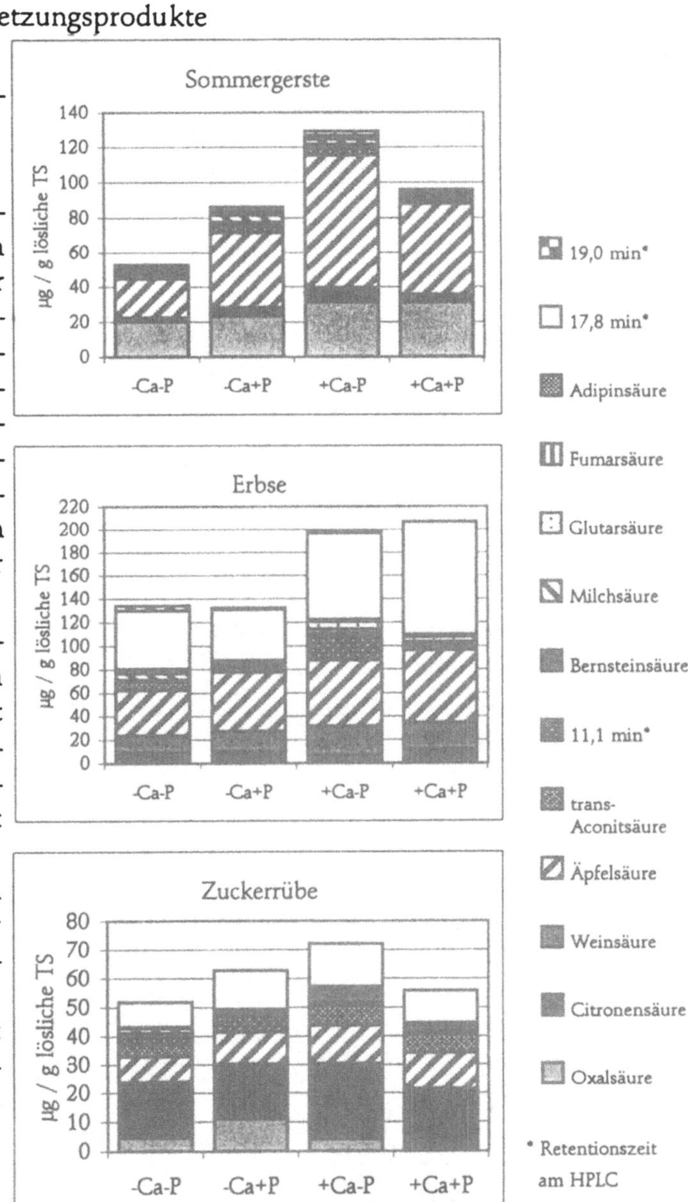

Abb. 1. Zusammensetzung der sauren Fraktion wasserlöslicher organischer Wurzelabscheidungen

98

neutrale Verbindungen. Das deutet auf eine schnelle mikrobielle Umsetzung von Zuckern und eine relative Anreicherung potentiell nährstoffmobilisierender organischer Säuren hin. Düngungsbedingte Unterschiede in Menge und Zusammensetzung der einzelnen Fraktionen innerhalb einer Pflanzenart waren in keinem Fall statistisch sicherbar. Auffällig waren aber erhebliche Unterschiede zwischen den Fruchtarten. So enthält die saure Fraktion bei Sommergerste vor allem Äpfelsäure und Oxalsäure (Abb. 1). Bei Erbse fielen neben Äpfelsäure, Weinsäure und Citronensäure mengenmäßige wichtige Peaks auf, die noch nicht identifiziert werden konnten. Unter Zuckerrüben wurden Citronensäure, Äpfelsäure, Oxalsäure sowie ebenfalls eine nicht identifizierte Verbindung gefunden. Die neutrale Fraktion bestand bei Sommergerste aus Fructose, Glucose, Saccharose und Lactitol sowie zwei nicht identifizierten Verbindungen, vermutlich ebenfalls Zuckeralkoholen (Abb. 2). Das größte Spektrum unterschiedlicher Verbindungen fand sich unter Erbsen. Bei Zuckerrüben wurde dagegen fast ausschließlich Glucose, Fructose und Saccharose nachgewiesen.

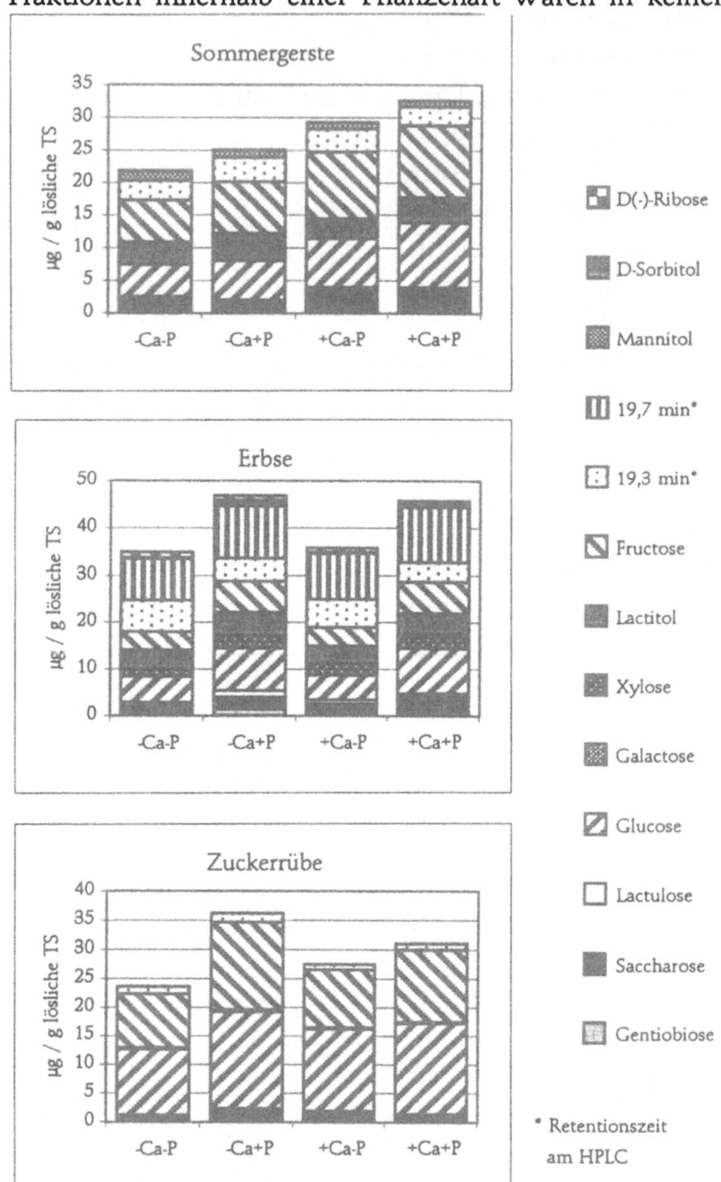

Abb. 2. Zusammentzung der neutralen Fraktion wasserlöslicher organischer Wurzelabscheidungen

Neben Unterschieden im Nährstoffentzug können solche Differenzen in der Zusammensetzung organischer Verbindungen in der Rhizosphäre die Nährstoffdynamik im Boden beeinflussen. Tab. 1 zeigt Ergebnisse der Bodenuntersuchungen im Oktober, d. h. nach der Ernte aller Fruchtarten.

Sowohl Zuckerrüben als auch Erbsen senkten den pH-Wert im Boden im Vergleich zur Gerste ab. Dabei wurden bei Erbse höhere, bei Rüben infolge wesentlich höherer Entzüge dagegen niedrigere DL-P-Gehalte beobachtet. Die P-Nachlieferungsgeschwindigkeit, d. h. die Geschwindigkeit, mit der bei mehrmaliger Wasserextraktion Phosphat aus nicht wasserlöslichen Verbindungen in Lösung geht, war allerdings sowohl bei Erbsen als auch bei Rüben höher als bei Gerste. Offenbar können beide Fruchtarten effektiv Phosphat mobilisieren. Während dieses durch Zuckerrüben sehr stark entzogen wird, kann dieser Effekt bei Erbse möglicherweise einen Teil der positiven Fruchtfolgewirkung erklären.

Tab. 1. Einfluss von Pflanzenart und Düngung auf pH-Wert und Phosphatdynamik im Oberboden (0-20 cm)

	-Ca -P	-Ca +P	+Ca -P	+Ca +P
Boden-pH-Wert				
Sommergerste	5,2	5,2	7,2	7,2
Erbse	5,0	4,9	7,1	7,0
Zuckerrübe	4,7	4,6	6,9	6,7
Doppellactat-löslicher P-Gehalt (mg kg^{-1})				
Sommergerste	55	78	75	117
Erbse	59	84	78	120
Zuckerrübe	43	70	58	90
P-Nachlieferungsgeschwindigkeit im Boden (µg kg^{-1} min^{-1})				
Sommergerste	265	469	219	468
Erbse	316	836	272	744
Zuckerrübe	291	555	270	677

Fazit

- Wasserlösliche organische Verbindungen lassen sich in der Rhizosphäre von Pflanzen auch unter Feldbedingungen nachweisen.

- Im Vergleich zu den bei Gefäßversuchen gemessenen ^{14}C-markierten Wurzelabscheidungen ist unter Feldbedingungen eine erhebliche Anreicherung potentiell P-mobilisierender organischer Säuren zu beobachten.

- Die Zusammensetzung der neutralen und sauren Fraktion zeigt deutliche pflanzenartspezifische Unterschiede.

- Ein Einfluss der Pflanzenart auf die P-Dynamik ist auch nach der Ernte noch nachweisbar.

100

Damit lässt sich wohl ein Teil der unterschiedlichen Vorfruchtwirkung verschiedener Pflanzenarten erklären.

Derartige Effekte sind bei der Bodenprobenahme zur Düngebedarfsermittlung zu beachten. Um die Vergleichbarkeit der Ergebnisse sicher zu stellen, ist die Probenahme im Fruchtfolgeverlauf möglichst stets nach gleichen Fruchtarten, z. B. Getreide vorzunehmen.

Danksagung

Die Untersuchungen wurden durch das Kultusministerium des Landes Sachsen-Anhalt finanziell gefördert.

Literaturverzeichnis

DEUBEL, A.; GRANSEE, A.; MERBACH, W., 2000: Transformation of organic rhizodepositions by rhizosphere bacteria and its influence on the availability of tertiary calcium phosphate. *Journal of Plant Nutrition and Soil Science* 163, 387-392.

DEUBEL A.; GRANSEE A.; MERBACH W. 2002: Einfluss langjährig unterschiedlicher Düngung auf die P-Dynamik in einem Dauerdüngungsversuch in Halle (Saale). *Archiv für Acker- und Pflanzenbau und Bodenkunde* 48, 543-551.

DEUBEL, A.; MERBACH, W., 2004: Influence of micro-organisms on phosphorus bioavailability in soils. In: BUSCOT, F. AND VARMA, A,: *Microorganisms in Soils: roles in Genesis and Functions"* (eds) Springer, Heidelberg, im Druck.

GRANSEE, A., 2003: Wechselwirkungen zwischen den Wurzelabscheidungen von Kulturpflanzen und der P-Dynamik in der Rhizosphäre - Ansätze zur Verbesserung der Nährstoffeffizienz. Habilitationsschrift, Martin-Luther-Universität Halle-Wittenberg.

GRANSEE, A; WITTENMAYER, L., 2000: Qualitative and quantitative analysis of water-soluble root exudates in relation to plant species and development. *Journal of Plant Nutrition and Soil Science* 163, 381-385.

HÜTSCH, B.W.; AUGUSTIN, J.; MERBACH, W., 2002: Plant rhizodeposition - an important source for carbon turnover in soils. *Journal of Plant Nutrition and Soil Science* 165, 397-407.

KRAFFCZYK, I.; TROLLDENIER, G.; BERINGER, H., 1984: Soluble root exsudates of maize: Influence of potassium supply and microorganisms. *Soil Biology and Biochemistry* 16, 315- 322.

MERBACH, W.; MIRUS, E.; KNOF, G.; REMUS, R.; RUPPEL, S.; RUSSOW, R.; GRANSEE, A.; SCHULZE, J., 1999: Release of carbon and nitrogen compounds by plant roots and their possible ecological importance. *Journal of Plant Nutrition and Soil Science* 162, 373-383.

RYAN, P.R.; DELHAIZE, E.; JONES, D.L., 2001: Function and mechanism of organic anion exudation from plant roots. *Annu. Rev. Plant Physiol. Plant Mol. Biol.* 52, 527-560.

SCHILLING, G.; GRANSEE, A.; DEUBEL, A.; LEZOVIC, G.; RUPPEL, S., 1998: Phosphorus availability, root exudates, and microbial activity in the rhizosphere. *Journal of Plant Nutrition and Soil Science* 161, 465-478.

Wurzelinduzierte Bodenvorgänge
14. Borkheider Seminar zur Ökophysiologie des Wurzelraumes
Hrsg.: W. Merbach, K. Egle, J. Augustin.
B. G. Teubner - Stuttgart • Leipzig • Wiesbaden (2004), S. 101 - 103

Fate of plant derived rhizodeposition in soil

Wolfgang MERBACH and Lutz WITTENMAYER

Institut für Bodenkunde und Pflanzenernährung, Landwirtschaftliche Fakultät der Martin-Luther-Universität Halle-Wittenberg, Adam-Kuckhoff-Straße 17 b, D-06108 Halle (Saale), e-mail: merbach@landw.uni-halle.de

Life activity of soil microorganisms and accumulation of soil organic matter are based almost exclusively on transformation of solar energy and carbon by vegetation. They form the bases of intense micro-ecosystemic interactions in rhizosphere soil, changing an originally dead substrate into a living soil during a process lasting several decades (BESCHOW and MERBACH 2004). The carbon input is realized in two different ways: firstly, by dead plant residues (harvest and root residues or litter, see Klimanek 1997) and, secondly, by the release of organic C compounds into soil during growth period, i.e. rhizodeposition. In this paper, only the latter will be considered.

For reliable estimation of the role and fate of rhizodeposites in soil, a detailed knowledge of quantity, composition, distribution and metabolic conversion of plant-derived compounds is necessary. During the last years, great progress has been achieved by introduction of ^{14}C application methods, the use of sterile control treatments, precise placement of radio labelled "modelling root exudates" and new analytical quantification techniques (HELAL and SAUERBECK 1989; MERBACH et al 1990, 1999; SWINNEN 1994; HÜTSCH et al. 2002; GRANSEE and WITTENMAYER 2000), achieving the following results:

1. About 14-18 % of ^{14}C fixed by apparent CO_2 assimilation (what is equivalent to 23-26 % of ^{14}C incorporated into plant material) are released by roots of plants cultivated in soil during a growth season though rhizodeposition of wetland plants (e. g. *Phragmites*) is quantitatively remarkable smaller (RICHERT et al. 2000). Colonization by microorganisms increases ^{14}C release significantly (MERBACH and RUPPEl 1992). Assuming a total annual C input of 5-6 t per ha, this process is equivalent to 1 t C per ha and per year. Thus, a great energy source for soil processes is available.

2. In a short distance from root surface, primary root-derived compounds are predominantly water-soluble. In maize plants, they consist of sugars

(64%), followed by amino acids and amides and organic acids. There are substantial differences between plant species. The sugar fractions mainly consist of glucose, fructose and sucrose, the amino acid fraction of glutamate, aspartate and serine, and the organic acid fraction of citrate, succinate and tartrate. Also here, plant species specific differences were also observed (HÜTSCH et al. 2002).

3. Rhizodeposites are generated by various sources of plant and microbial origin. Exudates, secretions, lysates and various mucilages contribute to their formation. Root-derived C compounds are extraordinarily heterogeneous in quality and spacial occurrence and their vertical and horizontal distribution may vary depending on plant species, microbial colonization and environmental conditions.

4. The quantity of root-derived C compounds decreases exponentially with distance from the root surface.

5. Root-derived C compounds are metabolized by microbial respiration to a great extend (62-86 % within five days) resulting in CO_2 formation (MERBACH et al. 1999, HELAL and SAUERBECK 1989). In wetland plants (RICHERT et al. 2000) and in experiments conducted by SWINNEN (1994), this portion was substantially lower, but still relevant. The microbial activity stresses the host plant in a sense of an additional sink (MERBACH and RUPPEL 1992) resulting in the formation of microbial biomass, secondary changes in root-born C compounds, eventually, affecting nutrient availability.

6. In a greater distance from the root surface (more than 10 mm), root-born C compounds are transformed into sparingly water-soluble substances, primarily by microbes.

7. Under unsterile conditions, (^{14}C labelled) root-derived C compounds are preferable bound by the clay fraction in soil (LEŽOVIC 1999). Probably, Al and Fe oxides and hydroxides of the clay fraction absorb soluble organic compounds protecting them from microbial destruction (KAISER and ZECH 2000) and, in this way, stabilizing soil organic matter.

8. The rhizodeposition has a positive influence on stability of soil aggregates and, subsequently on soil structure (TRAORÉ et al. 2000). It remains open whether this observation is a result of an adhesive or microbial effect.

References

BESCHOW, H.; MERBACH, W., 2004: Entwicklung der organischen Bodensubstanz (OBS) auf Löss in Abhängigkeit von unterschiedlicher Düngung am Beispiel des Bodenbildungsversuches in Halle/Saale. *Archives of Agronomy and Soil Science* 50, 59-64.

GRANSEE, A.; WITTENMAYER, L., 2000: Qualitative and quantitative analysis of water-soluble root exudates in relation to plant species and development. *Journal of Plant Nutrition and Soil Science* 163, 381-385.

HELAL, H.M.; SAUERBECK, D., 1989: Carbon turnover in the rhizosphere. *Zeitschrift für Pflanzernährung und Bodenkunde* 152, 211-216.

HÜTSCH, B.W.; AUGUSTIN, J.; MERBACH, W., 2002: Plant rhizodeposition – an important source for carbon turnover in soils. *Journal of Plant Nutrition and Soil Science* 165, 397-407.

KAISER, K.; ZECH, W., 2000: Dissolved organic matter sorption by mineral constituents of subsoil clay fractions. *Journal of Plant Nutrition and Soil Science* 163, 531-535.

KLIMANEK, E.M., 1997: Bedeutung der Ernte- und Wurzelrückstände landwirtschaftlich genutzter Kulturpflanzen für die organische Substanz des Bodens. *Archiv für Acker- und Pflanzenbau und Bodenkunde* 41, 485-511.

LEŽOVIC, G., 1999: Wirkung von Maiswurzelabscheidungen auf die Phosphatmobilisierung im Boden. Dissertation Univ. Halle-Wittenberg.

MERBACH, W.; KNOF, G.; MIKSCH, G., 1990: Quantifizierung der C-Verwertung im System Pflanze-Rhizosphäre-Boden. *Tag.-Bericht Akad. Landw. Wiss. Berlin* 295, 57-63.

MERBACH, W.; MIRUS, E.; KNOF, G.; REMUS, R.; RUPPEL, S.; RUSSOW, R.; GRANSEE, A.; SCHULZE, J., 1999: Release of carbon and nitrogen compounds and their possible ecological importance. *Journal of Plant Nutrition and Soil Science* 162, 373-383.

MERBACH, W.; RUPPEL, S., 1992: Influence of microbial colonization on $^{14}CO_2$ assimilation and amounts of root borne ^{14}C compounds in soils. *Photosynthetica* (Praha) 26, 551-554.

RICHERT, M.; SAARNIO, S.; JUUTINEN, S.; SILVOLA, J.; AUGUSTIN, J.; MERBACH, W., 2000: Distribution of assimilated carbon in the system Phragmites australis-waterlogged peat soil after carbon-14 pulse labelling. *Biology and Fertility of Soils* 32, 1-7.

SWINNEN, J., 1994: Evaluation of the use of a model rhizodeposition technique to sepatate root and microbial respiration in soil. *Plant and Soil* 165, 89-101.

TRAORÉ, O.; GROLEAU-RENAUD, V.; PLANTUREUX, S.; TUBEILEH, A.; BŒEUF-TRAMBLAY, V., 2000: Effect of root mucilage and modelled root exudates on soil strucutre. *European Journal of Soil Science* 51, 575-581.

Wurzelinduzierte Bodenvorgänge
14. Borkheider Seminar zur Ökophysiologie des Wurzelraumes
Hrsg.: W. Merbach, K. Egle, J. Augustin.
B. G. Teubner - Stuttgart • Leipzig • Wiesbaden (2004), S. 104 - 109

Abschätzung des Beitrages von *Miscanthus* zur Bildung der organischen Bodensubstanz mit Hilfe der natürlichen ^{13}C-Abundanz

Katja SCHNECKENBERGER und Yakov KUZYAKOV
Institut für Bodenkunde und Standortslehre der Universität Hohenheim, Emil-Wolff-Straße 27, D-70599 Stuttgart

Abstract

One possibility to sequester carbon in soil could be the cultivation of renewable energy plants like *Miscanthus x giganteus*. In this preliminary investigation the contribution of *Miscanthus* derived carbon to formation of soil organic matter in a sandy and a loamy soil has been investigated using natural ^{13}C abundance. In A_h of the loamy soil, 21% (0-10 cm) and 11% (20-30 cm) of soil organic carbon was derived from *Miscanthus* after 9 years of continuos cultivation, while portions of *Miscanthus* derived C exceeded 17% (0-10 cm) and 8% (10-20 cm) in the sandy soil. This significant contribution of *Miscanthus* derived carbon demonstrates the interesting possibility in using renewable energy plants for carbon sequestration in soils and using *Miscanthus* for further investigations of soil organic matter dynamics. This dynamic differ from that one of maize used in studies with natural ^{13}C abundance method because of much higher below-ground biomass, absence of soil cultivation and deep root system of *Miscanthus*.

Einleitung

Es wird von verschiedenen Autoren angenommen, dass durch den Anbau nachwachsender Rohstoffe wie *Miscanthus x giganteus* ('Chinaschilf') eine Festlegung atmosphärischen Kohlendioxids (CO_2) in der organischen Bodensubstanz (OBS) möglich ist (JOHNSON et al. 1995, POST et al. 2001). Allerdings wird aufgrund eines noch mangelnden Verständnisses der Dynamik der C-Speicherung und -Freisetzung (WANG und HSIEH 2002) kontrovers diskutiert, ob Böden eine signifikante Rolle als langfristige C-Speicher spielen können (z.B. DIXON 1995, KÖRSCHENS 1996). Probleme bei OBS-Studien bestehen durch die langen Umsatzzeiten der OBS, so dass diese nur schwer in kurzfristigen Experimenten untersucht werden können (GARTEN und WULLSCHLEGER 1999). Auch spiegeln die durch chemische Extraktionen erhaltenen Fraktionen (CAMBARDELLA und ELLIOT 1992) die Dynamik der OBS nicht klar wider, wogegen physikalische Trennverfahren zu einer C-Umverteilung während der Zerstörung der Bodenaggregate führen können. Um Mechanismen und Zeiträume der C-Festlegung abzuschätzen, sind daneben quantitative Informationen über die Größe der verschieden schnell umsetzbaren C-Pools und deren Umsatzraten notwendig (LUDWIG et al. 2003). Dafür muss zwischen altem und neu eingetragenem C der OBS unterschieden werden können (z.B. Balesdent und Balabane, 1992). Eine der Methoden zur Bestimmung des pflanzenbürtigen C basiert auf der natürlichen ^{13}C-Abundanz. Mit ihr können unter anderem Hypothesen zu Quellen-Senken-Problemen erhärtet (SCHARPENSEEL, 1993) und ohne größeren Aufwand Felduntersuchungen durchgeführt werden. Sie macht sich die Tatsache zunutze, dass der Anteil des schwereren stabilen C-Isotops (^{13}C) in C_3-Pflanzen (-25 bis –30 ‰) aufgrund des Isotopeneffektes messbar geringer ist als in C_4-Pflanzen (-8 bis -18 ‰) (ROCHETTE und FLANAGAN, 1997; VOLKOFF und CERRI, 1987)). Da der gesamte organische C in natürlichen Böden primär pflanzenbürtig ist (BALESDENT et al., 1988), entspricht der δ^{13}C Wert der OBS weitgehend der Vegetation, unter der der Boden entstanden ist. So ermöglicht der Anbau von C_4-Pflanzen wie *Miscanthus* auf Böden, die unter C_3-Vegetation entstanden sind, über die Veränderung des δ^{13}C Wertes des Bodens die Abschätzung des Beitrages der C_4-Pflanze zum Boden-C und die Berechnung des C-Umsatzes (BOHM et al. 2002). Wegen möglicher Isotopeneffekte bei der Humifikation wird ein geeigneter Referenzstandort mit unverändertem C_3-Bewuchs benötigt (z.B. BALESDENT und BALABANE 1996). Die meisten Untersuchungen wurden bisher mit Mais als wichtigster C_4-Kulturpflanze durchgeführt (z.B. BALESDENT et al. 1990, COLLINS et al. 2000, FLESSA et al. 2000).

In dieser Untersuchung wurde die Methode genutzt, um die Tiefenverteilung des neu eingetragenen C unter dem C_4-Energiegras *Miscanthus x giganteus* zu charakterisieren. Es wird aufgrund folgender Punkte erwartet, dass der C-Eintrag und die C-Speicherung im Boden unter *Miscanthus* deutlich höher sind als unter Mais:

- Mehrjährigkeit
- Fehlende Bodenbearbeitung
- Tiefes und gut entwickeltes Wurzelsystem
- Hohe Biomasseproduktion
- Große Menge an Pflanzenrückständen, die auf dem Feld verbleiben.

Material und Methoden

Eines der beiden untersuchten *Miscanthus*-Felder liegt in Stuttgart Hohenheim, Südwestdeutschland. Der Boden ist ein lehmiger Haplic Luvisol mit pH-Werten ($CaCl_2$) von 5,6 (0-10 cm) bis 6,8 (90-100cm) und C/N-Verhältnissen von 9,6 (0-10 cm) bis 7,0 (90-100 cm) sowohl im Referenz- als auch im *Miscanthus*profil. Der 2. Standort befindet sich in Großbeeren, 10 km südlich von Berlin auf einem sandigen Gleyic Cambisol mit C/N-Verhältnissen von 12,3 (0-10 cm und 10-20 cm). Das Alter des *Miscanthus*bestandes in S.-Hohenheim betrug zum Zeitpunkt der Probenahme 9 Jahre, dasjenige des Bestandes in Großbeeren 10 Jahre. Die Referenzfläche war in beiden Fällen mit Gras bewachsen und wird als Wiese genutzt. Die Beprobung erfolgte im November 2002 (Großbeeren), bzw. im April 2003 (Hohenheim) in 10 cm Tiefenschritten. Die Proben wurden vor der Analyse luftgetrocknet, gesiebt (2 mm), Wurzeln sorgfältig ausgelesen und ein Teil der Proben in einer Scheibenschwingmühle (Typ MM2, Retsch GmbH +Co KG, Haan, Germany) feinst gemahlen. Die δ^{13}C-Analysen erfolgten mit einem an einen C/N-Analyser (Carlo Erba) gekoppelten Massenspektrometer (IRMS 20-20, PDZ Europe). Parallel wurde bei 50°C getrocknetes Pflanzenmaterial (verschiedene *Miscanthus*teile, Mischproben der Referenzvegetation) auf seinen δ^{13}C-Wert analysiert. Die Berechnung des Anteils an *miscanthus*bürtigem C erfolgte mit der Gleichung (GARTEN and WULLSCHLEGER 2000):

Anteil C_4-C = ((A-B)/(C-B))*100,

wobei gilt: A= δ^{13}C-Wert *Miscanthus*boden; B=δ^{13}C-Wert Referenzboden in der entsprechenden Tiefe; C= δ^{13}C-Wert *Miscanthus*pflanze.

Die Bestimmung der C- und N-Gesamtgehalte wurde am Leco CN (Leco Instruments GmbH, Krefeld, Deutschland) durchgeführt.

Ergebnisse und Diskussion

In Hohenheim sind die C_{org}-Gehalte im Oberboden bis 30 cm Tiefe des Referenzstandortes mit 2,13 % (0-10 cm) bzw. 1,32 % (20-30 cm) höher als im *Miscanthus*boden (1,36 bzw. 1,11 %) (Abb. 1). Dagegen sind die C_{org}-Gehalte in den beiden untersuchten Tiefen (0-10 und 10-20 cm) des *Miscanthus*standortes in Berlin geringfügig höher als im Referenzstandort (1,51 % *versus* 1,45 % bzw. 1,28 % *versus* 1,06 %). Dies entspricht eher den Ergeb-

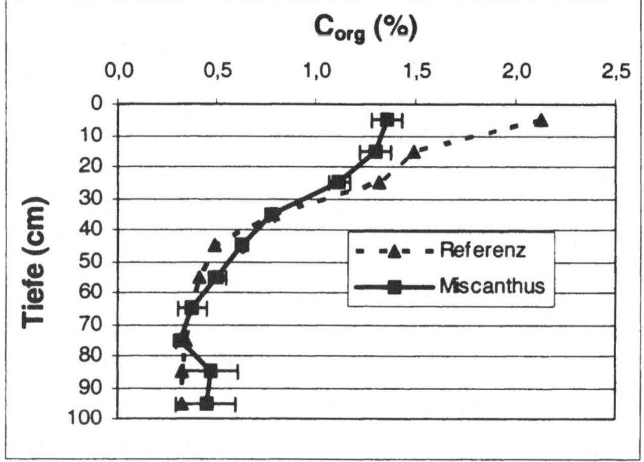

Abb. 1. Corg-Gehalte der *Miscanthus*fläche (±SD) und der Referenzfläche in Hohenheim

nissen von BEUCH (1998), der unter *Miscanthus* höhere C_{org}-Gehalte feststellte als in benachbarten Ackerböden. Die differierenden Ergebnisse lassen sich durch die Wahl des Referenzstandortes erklären: Auch Grünland weist bekanntermaßen höhere C_{org}-Gehalte als Ackerböden auf und die sehr hohen C_{org}-Gehalte in den ersten 10 cm des Graslandbodens in Hohenheim können mit der dort aufgetretenen Bildung eines Wurzelfilzes und demzufolge hohen C-Eintrages in den Boden begründet werden. Die δ^{13}C-Werte des Referenzprofils in Hohenheim liegen zwischen – 30 ‰ (0-10 cm) und – 2 ‰.

Durch den Eintrag des *Miscanthus* (C$_4$)-bürtigen und damit ^{13}C-reicheren Kohlenstoffs (δ^{13}C-Wert von *Miscanthus*: -11,8 ‰) sind die δ^{13}C-Werte unter *Miscanthus* niedriger als am Referenzstandort und betragen -26,3 ‰ (0-10 cm) bis -29,0 ‰ (Abb. 2). Die aus diesen δ^{13}C-Werten berechneten Ergebnisse zur Tiefenverteilung des *miscanthus*bürtigem C zeigen, dass ein signifikanter Anteil der organischen Substanz aus neuem, *miscanthus*bürtigen C gebildet wird: In Hohenheim betrug der Anteil nach 9 Jahren 21% (0-10 cm), 13 % (10-20 cm) bzw. 10 % (20-30 cm) im Oberboden und 3-8 % in den Horizonten > 30 cm (Abb. 3). In Großbeeren wiesen die beprobten obersten 20 cm nach 11jährigem Anbau Anteile von 17 % (0-10 cm) bzw. 8 % (10-20 cm) auf. Auch Untersuchungen mit Mais zeigen, dass die Festlegung von maisbürtigem C in der OBS aufgrund der zahlreichen Einflussfaktoren stark variieren kann (Ludwig et al. 2003). So waren in Untersuchungen von PUGET et al. (1995) nach 23 Jahren 44 %, bei FLESSA et al. (2000) nach 37 Jahren kontinuierlichem Mais-

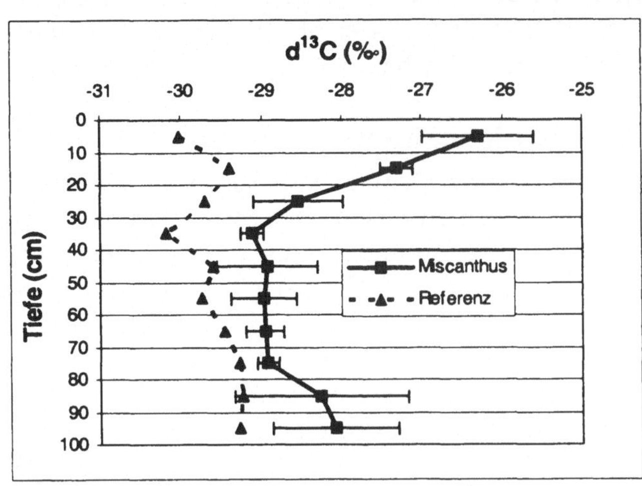

Abb. 2. δ^{13}C-Werte des *Miscanthus*- (±SD) und des Referenzbodens am Standort Hohenheim

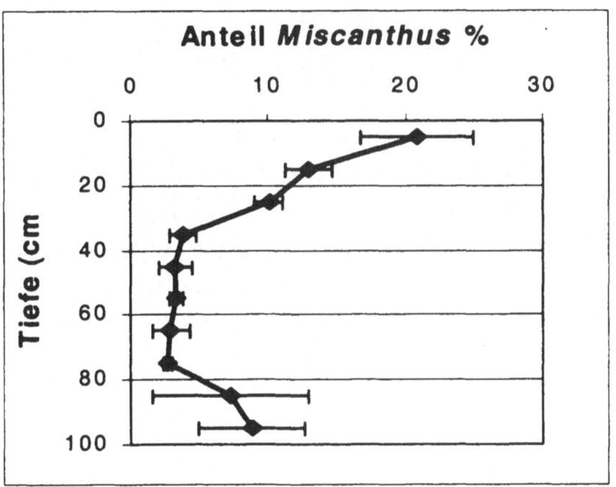

Abb. 3. Tiefenverteilung des *miscanthus*bürtigen C (+StdA) am Standort Hohenheim

anbau hingegen nur 15% des Gesamt-C maisbürtig. Gerade der Vergleich mit den Ergebnissen von FLESSA et al. (2000) zeigt, dass der Beitrag von mehrjährigen Energiepflanzen wie *Miscanthus* zur C-Speicherung im Boden zumindest gleich bzw. höher ist als derjenige von Mais. Dies liegt an der fehlenden Bodenbearbei-

108

tung, dem tief und gut entwickelten Wurzelsystem, der Mehrjährigkeit und der hohen Biomasseproduktion. Sowohl die $\delta\,^{13}$C-Werte als auch der Beitrag von *Miscanthus* zum organischen Kohlenstoff nehmen ab einer Tiefe von 80 cm zu (Abb. 2, Abb. 3). Eine Begründung hierfür ist in dem tieferen Wurzelsystem (bis 250 cm (MIRIDOKAWA et al. 1975) von *Miscanthus* im Vergleich zur vorherigen C_3-Vegetation zu sehen.

Schlussfolgerungen

Die festgestellten Beiträge von *miscanthus*bürtigem C zur Bildung der OBS lassen eine intensivere Untersuchung der C-Dynamik in *Miscanthus*-Böden mit Hilfe der natürlichen ^{13}C Abundanz als sehr viel versprechend erscheinen. Neben dem Anteil des C_4-bürtigen C an der OBS kann die Sequestration von C_4-bürtigem C an einer Vielzahl von C-Pools (z.B. mikrobielle Biomasse, DOC, Huminsäuren) untersucht werden (LUDWIG *et al.* 2003) und die Verweilzeit des C im Boden charakterisiert, um Aussagen über eine langfristigen C-Speicherung im Boden unter *Miscanthus* treffen zu können.

Literaturverzeichnis

BALESDENT, J.; BALABANE, M., 1992: Maize root-derived soil organic carbon estimated by natural ^{13}C abundance. *Soil Biology and Biochemistry* 24, 97-101.

BALESDENT, J.; BALABANE, M., 1996: Major contribution of roots to soil carbon storage inferred from maize cultivated soils. *Soil Biology and Biochemistry* 28, 1261-1263.

BALESDENT, J.; MARIOTTI, A.; BOISGONTIER, D., 1990: Effect of tillage on soil organic C mineraliza-tion estimated from ^{13}C abundance in maize fields. *Journal of Soil Science* 41, 587-596.

BALESDENT, J.; WAGNER, G.; MARIOTTI, A., 1988: Soil organic matter turnover in long-term field experiments as revealed by Carbon-13 natural abundance. *Soil Science Society of America Journal* 52, 118-124.

BEUCH, S., 1998: Zum Einfluss des Anbaus und der Biomassestruktur von *Miscanthus x giganteus* (Greef et Deu.) auf den Nährstoffhaushalt und die organische Boden-substanz. Dissertation, Universität Rostock, Rostock.

BOHM, S.; RICE, C.; SCHLEGEL, A., 2002: Soil carbon turnover in residue managed wheat and grain sorghum. In: KIMBLE, J.; LAL, R. AND FOLLETT, R.: *Agricultural practices and policies for carbon sequestration in soil*, Lewis publishers, Boca Raton, 255-263

CAMBARDELLA, C.; ELLIOT, E., 1992: Particulate Soil Organic-Matter Changes across a Grassland Cultivation Sequence. *Soil Science Society of America Journal* 56, 777-783.

COLLINS, H.; ELLIOTT, E.; PAUSTIAN, K.; BUNDY, L.; DICK, W.; HUGGINS, D.; SMUCKER, A.; PAUL, E., 2000: Soil carbon pools and fluxes in long-term corn belt agroecosys-tems. *Soil Biology and Biochemistry* 32, 157-168.

DIXON, R., 1995: Agroforestry Systems: sources or sinks of greenhouse gases? *Agrofor-estry Systems* 31, 99-116.

FLESSA, H.; LUDWIG, B.; HEIL, B.; MERBACH, W., 2000: The origin of soil organic C, dis-solved organic C and respiration in a long-term maize experiment in Halle, Germany, determined by ^{13}C natural abundance. *Journal of Plant Nutrition and Soil Scien-ce* 163, 157-163.

GARTEN, C.; WULLSCHLEGER, S., 1999: Soil carbon inventories under a bioenergy crop (Switchgras): Measurement limitations. *Journal of Environmental Quality* 28, 1359-1365.

GARTEN, C.; WULLSCHLEGER, S., 2000: Plant and environment interaction- Soil carbon dynamics beneath Switchgras as Indicated by Stable Isotope Analysis. *Journal of Environmental Quality* 29, 645-653.

JOHNSON, M.; LEVINE, E.; KERN, J., 1995: Soil organic matter: distribution, genesis, and manage-ment to reduce greenhouse gas emissions. *Water, Air and Soil Pollution* 82, 593-615.

KÖRSCHENS, M., 1996: Die organische Substanz des Bodens als Quelle und Senke für Kohlenstoff. *Mitteilungen der Gesellschaft für Pflanzenbauwissenschaften* 9, 261-262.

LUDWIG B.; JOHN B.; ELLERBROCK R.; KAISER M.; FLESSA H., 2003: Stabilization of C from maize in a sandy soil in a long-term experiment. *European Journal of Soil Science* 54, 117-126.

MIRIDOKAWA, B.; SHIMADA, Y.; IWAKI H.; OHGA N., 1975: Root production in semi-natural grassland community dominated by *Miscanthus sinensis* in the Kawatabi area. In: NUMATA, N.,: *Ecological studies in Japanese grasslands*, Tokyo

POST W.; IZZAURALDE R; MANN L.; BLISS N., 2001: Monitoring and verifying changes of organic carbon in soil. In: ROSENBERG, N.; IZAURRALDE, R.: *Storing Carbon in Agricultural Soils: A Multi-Purpose Environmental Strategy*, Kluwer Academic Publishers, Dordrecht, 73-99

PUGET, P.; CHENU, C.; BALESDENT, J., 1995: Total and young organic matter distributions in aggre-gates of silty cultivated soils. *European Journal of Soil Science* 46, 449-459.

ROCHETTE, P.; FLANAGAN, L., 1997: Quantifying rhizosphere respiration in a corn crop under field conditions. *Soil Science Society of America Journal* 61, 466-474.

SCHARPENSEEL, H., 1993: Major C reservoirs of the pedosphere, source-sink relations, potential of $D^{14}C$ and $^{\delta 13}C$ as supporting methodologies. *Water, Air, and Soil Pollution* 70, 431-442.

VOLKOFF, B.; CERRI, C., 1987: Carbon isotopic fractionation in subtropical Brazilian grassland soils. Comparison with tropical forest soils. *Plant and Soil* 102, 27-31.

WANG, Y.; HSIEH, Y.-P., 2002: Uncertainties and novel prospects in the study of the soil organic carbon dynamics. *Chemosphere* 49, 791-804.

5

Stoffaufnahme, -umsetzung und -festlegung im Wurzelraum

Wurzelinduzierte Bodenvorgänge
14. Borkheider Seminar zur Ökophysiologie des Wurzelraumes
Hrsg.: W. Merbach, K. Egle, J. Augustin.
B. G. Teubner - Stuttgart • Leipzig • Wiesbaden (2004), S. 113 - 118

Experimentelle Untersuchungen zur Aufnahme und zum Stoffwechsel von Stickstoff in Wurzeln ausgewählter Bodenpflanzen aus naturnahen Ökosystemen

Horst SCHULZ, Sigrid HÄRTLING und Heinz-Ullrich NEUE
Sektion Bodenforschung, Umweltforschungszentrum Leipzig-Halle GmbH,
Theodor-Lieser-Straße 4, D-06126 Halle

Abstract

Mechanisms of diversity changes in plant communities on physiological level are examined up to now only inadequately. Therefore, the objective of these pot experiments was to study differential adaptations in root uptake of inorganic N as well as in intracellular N storage of key metabolites in plants from the floor vegetation of Scots pine forests (*B. sylvaticum, A. flexuosa, C. epigejos, V. myrtillus, R. idaeus, R. fruticosus*). Fertilizers of ^{15}N labelled $^{15}NH_4NO_3$ and $NH_4^{15}NO_3$ were applied to determine the N uptake and the accumulation of amino acids. The results show that the rates for ammonium and nitrate uptake (mg ^{15}N g^{-1} d^{-1}) correspond with the glutamine concentrations in the roots. The NH_4^+-tolerant ericaceous shrub *V. myrtillus* accumulates excessively glutamine and shows the lowest uptake for both N forms. In sharp contrast, the nitrophile blackberry *R. fruticosus* has a low glutamine accumulation and a much higher uptake for nitrate and ammonium. In consequence, nitrophile characteristics of plants result in high N uptake and in a reduced accumulation of N in glutamine. In addition, it can be shown that in contrast to NH_4^+-tolerant plants, which accumulate ammonium in glutamine and arginine, nitrophile plants prefer asparagine as amino acid for the intracellular N storage.

Einleitung

Die Aufnahme von Ammonium und Nitrat in Wurzeln höherer Pflanzen wird durch zwei verschiedene Transportsysteme vermittelt (FORDE 2000). Beide Transporter zeigen eine unterschiedliche Aufnahmekinetik, sind hoch sensitiv gegenüber internen und externen Signalen und werden durch reduzierte N-Verbindungen wie Glutamin oder durch Ammonium und Nitrat selbst reguliert (GLASS et al. 2002). Allerdings haben sich Pflanzen im Verlauf der Evolution an eine NO_3^--Ernährung unterschiedlich angepasst (KRONZUCKER et al. 1997). So nehmen Arten mit nitrophilen Eigenschaften bei variierendem Angebot von Ammonium und Nitrat im Boden viel mehr Ammonium über die Wurzel auf, als sie für die Synthese von Protein verwerten können (KRONZUCKER et al. 2003). Sie sind Pflanzen, die bei vergleichbarem Nährstoffangebot weniger Ammonium aufnehmen und dabei noch einen leistungsfähigen Proteinhaushalt aufbauen, an interspezifischer Konkurrenz unterlegen (BRITTO und KRONZUCKER 2002). Somit ist anzunehmen, dass differenzierte Anpassungen in der Aufnahme und Verwertung von Ammonium in höheren Pflanzen die Artenzusammensetzung von Pflanzengemeinschaften beeinflussen, wenn Umwelteinflüsse die Vorräte von pflanzenverfügbaren anorganischen N-Verbindungen in Ökosystemen verändern. Um diese Hypothese zu prüfen, führten wir an Bodenpflanzen aus Kiefernforst-ökosystemen experimentelle Untersuchungen zur Aufnahme und zum Stoffwechsel von Stickstoff durch. In der vorliegenden Arbeit sollte untersucht werden, ob in Wurzeln verschiedener Gräser und Beersträucher Unterschiede in den Aufnahmeraten von Ammonium und Nitrat sowie in der Speicherung von Stickstoff in Aminosäuren bestehen, wenn als N-Quelle Ammonium und Nitrat simultan angeboten werden.

Material und Methoden

Für die Untersuchungen wurden die drei Gräser Drahtschmiele (*Avenella flexuosa*), Sandrohr (*Calamagrostis epigejos*) und Waldzwenke (*Brachipodium sylvaticum*) sowie die drei Beersträucher Heidelbeere (*Vaccinium myrtillus*), Himbeere (*Rubus idaeus*) und Brombeere (*Rubus fruticosus*) aus dem Freiland in Kick-Brauckmann Gefäßen auf Quarzsand (9,5 kg pro Gefäß) bei 12,5 % Wassergehalt im Kaltgewächshaus kultiviert. Als Grunddüngung wurde (bezogen auf 9,5 kg Quarzsand) gegeben: 0,2 g N als NH_4NO_3, 0,5 g P als $CaHPO_4 \cdot 2\,H_2O$, 1,3 g K als K_2SO_4, 0,3 g Mg als $MgSO_4 \cdot 7\,H_2O$, 0,05 g Fe als $FeCl_3$ und 3 ml A-Z-Lösung nach Hoagland (Hoagland und Snyder 1934). In jedes Gefäß mit 3-facher Wiederholung wurden 5 Stecklinge gesetzt. Nach Anwuchs und Überwinterung erfolgte im Frühjahr bei Vollentwicklung der Pflanzen die Applikation von $^{15}NH_4NO_3$ bzw. $NH_4{}^{15}NO_3$ in den Stufen 0,72 g, 1,43 g und 2,15g NH_4NO_3 pro 9,5 kg Quarzsand. Bei einem Wassergehalt von 12,5 % bzw. 1186 g Wasser pro Gefäß entsprach das einer NH_4NO_3-Konzentration von 7,5, 15,1 und 22,7 mM. Die Probenahme erfolgte 14 Tage nach Tracerapplikation, wobei Mischproben von Wurzeln, Stielen und Blättern entsprechend der durchzuführenden chemischen und biochemischen Analysen getrennt aufgearbeitet und konserviert wurden. Für die Bestimmung von Gesamt-N und der ^{15}N-Anteile wurde das Probenmaterial bei 60 °C ofengetrocknet und für die Analyse ein Elementaranalysator (Vario EL), gekoppelt mit einem Massenspektrometer, eingesetzt (RUSSOW und GOETZ 1998). Zur Aminosäurebestimmung wurde von Frischmaterial ausgegangen, das nach Probenahme sofort in Flüssig-N_2 eingefroren und nach einer speziellen Probenaufarbeitung mit der HPLC analysiert wurde (HUHN und SCHULZ 1996).

Ergebnisse und Diskussion

Die Ergebnisse zur N-Aufnahme und intrazellularen N-Speicherung in Wurzeln von drei Gräsern und drei Beersträuchern sind in Tab. 1 zusammengefasst. Alle Versuchspflanzen zeigen selbst bei hohem NH_4NO_3-Angebot noch ansteigende Aufnahmeraten sowohl für $^{15}NH_4^+$ als auch für $^{15}NO_3^-$. Das erscheint bemerkenswert, ist aber nicht außergewöhnlich, da Pflanzen bei simultaner Gabe von Ammonium und Nitrat insgesamt mehr Stickstoff aufnehmen, als wenn die beiden N-Formen einzeln angeboten werden (KRONZUCKER et al. 1999a). Allerdings ist bei NH_4NO_3-Düngung die Aufnahme von Ammonium und Nitrat sehr verschieden und kann in Abhängigkeit von der Pflanzenart stark variieren (KRONZUCKER et al. 2003). Zu ähnlichen Aussagen kommt man auch in dieser Arbeit, wenn die Aufnahmeraten für Ammonium und Nitrat in Beziehung zu den Konzentrationen von Glutamin gesetzt werden (Abb. 1a und 1b). Artspezifische Unterschiede in Bezug auf N-Aufnahme und intrazellulare N-Speicherung treten am deutlichsten bei den Beersträuchern *V. myrtillus* und *R. fruticosus* hervor. Als NH_4^+-tolerante Art weist *V. myrtillus* bei hohen Glutaminspiegeln eindeutig die geringsten Aufnahmeraten für Ammonium, aber auch für Nitrat auf. Andererseits zeigt die nitrophile Brombeere *R. fruticosus* bei geringen Glutaminkonzentrationen hohe Aufnahmeraten für Nitrat und Ammonium. Die Hemmung der Nitrataufnahme durch Ammoniumionen im Bodensubstrat und insbesondere durch hohe interne Glutaminspiegel wurde wiederholt beschrieben (KRONZUCKER et al. 1999b). In Arbeiten von PALOVE-BELANG und MISTRIK (2002) an *Zea mays* wird die regulierende Funktion von Glutamin beim Nitrattransport durch die Wurzelmembran bestätigt.

Eine Zwischenstellung nehmen bei mehr oder weniger hohen Aufnahmeraten für beide N-Formen die Gräser *B. sylvaticum*, *A. flexuosa*, *C. epigejos* und die Himbeere *R. idaeus* ein. Bei diesen Arten zeigt sich auch ein Wechsel in der intrazellularen N-Speicherung. Gesteigerte NH_4NO_3-Gaben führen bei *V. myrtillus*, *A. flexuosa* und *B. sylvaticum* insbesondere zu einer Erhöhung der Konzentrationen von Arginin; *R. idaeus*, *C. epigejos* und *R. fruticosus* nutzen hierfür ausschließlich Glutamin und Asparagin. Dies verdeutlicht, dass bei einem Überangebot an Ammonium im Bodensubstrat auch die Notwendigkeit einer temporären N-Speicherung in Aminosäuren/Amiden mit einem niedrigen C/N-Verhältnis besteht. Diese Stoffwechselleistung ist trotz hoher Aufnahmeraten für Ammonium bei *R. idaeus*, *C. epigejos* und *R. fruticosus* nicht mehr gegeben. Wahrscheinlich ist das ein stoffwechselphysiologisches Merkmal für die Zunahme nitrophiler Eigenschaften. Allerdings geht damit auch eine Verringerung an NH_4^+-Toleranz einher, da der Aminosäure Arginin eine NH_4^+-detoxifizierende Rolle bei NH_4^+-Überernährung zugesprochen wird (Edfast et al. 1990). Pflanzen mit Funktionsstörungen in der NH_4^+-Aufnahme und geringer Effizienz in der NH_4^+-Entgiftung sollten daher besonders empfindlich auf variierende Nährstoffverhältnisse im Boden reagieren. Um diese Aussage weiter zu diskutieren, reichen die bisher vorliegenden Ergebnisse jedoch nicht aus. Hierfür sind gezielte Freilanduntersuchen sowie weitere Gefäßversuche bei freilandrelevanteren Konzentrationen und variierenden Verhältnissen von Ammonium und Nitrat erforderlich.

Tab. 1. Aufnahmeraten für ^{15}N-Exzessmassen von Ammonium und Nitrat sowie Konzentrationen von Glutamin-, Asparagin- und Arginin-N in Wurzeln von drei Gräsern (*A. flexuosa, B. sylvaticum, C. epigejos*) und drei Beersträuchern (*V. myrtillus, R. idaeus, R. fruticosus*) nach Applikation von 0,72, 1,43 und 2,15 g ^{15}NH$_4$NO$_3$ bzw. NH$_4$^{15}NO$_3$ pro Pflanzengefäß.

Ammoniumnitrat (g)	Pflanzenarten					
	A. flexuoasa	*B. sylvaticum*	*C. epigejos*	*V. myrtillus*	*R. idaeus*	*R. fruticosus*
^{15}NO$_3^-$ (μg N d^{-1} g^{-1} TM)						
0,72	4,2	5,0	6,3	3,7	10,2	8,7
1,43	8,3	8,0	18,2	6,9	24,2	18,0
2,15	10,4	10,0	21,7	5,1	28,9	25,6
^{15}NH$_4^+$ (μg N d^{-1} g^{-1} TM)						
0,72	3,6	4,0	5,0	4,8	-	9,6
1,43	12,3	11,0	9,1	5,6	19,5	14,9
2,15	16,3	19,0	21,7	5,6	24,4	29,7
Glutamin (μg N g^{-1} TM)						
0,72	57,3	167,6	47,7	220,9	-	31,7
1,43	54,5	402,8	128,3	483,5	174,5	42,7
2,15	186,5	480,8	108,9	491,5	385,5	67,0
Asparagin (μg N g^{-1} TM)						
0,72	684,1	967,6	51,0	369,5	-	46,6
1,43	3439,0	3859,7	2167,5	503,1	841,2	164,0
2,15	4891,5	3364,8	5512,0	443,7	2105,6	1179,2
Arginin (μg N g^{-1} TM)						
0,72	343,2	248,1	15,0	2112,1	-	7,0
1,43	588,2	528,0	57,4	3800,7	51,5	9,5
2,15	779,2	427,5	154,2	2839,1	166,0	75,6

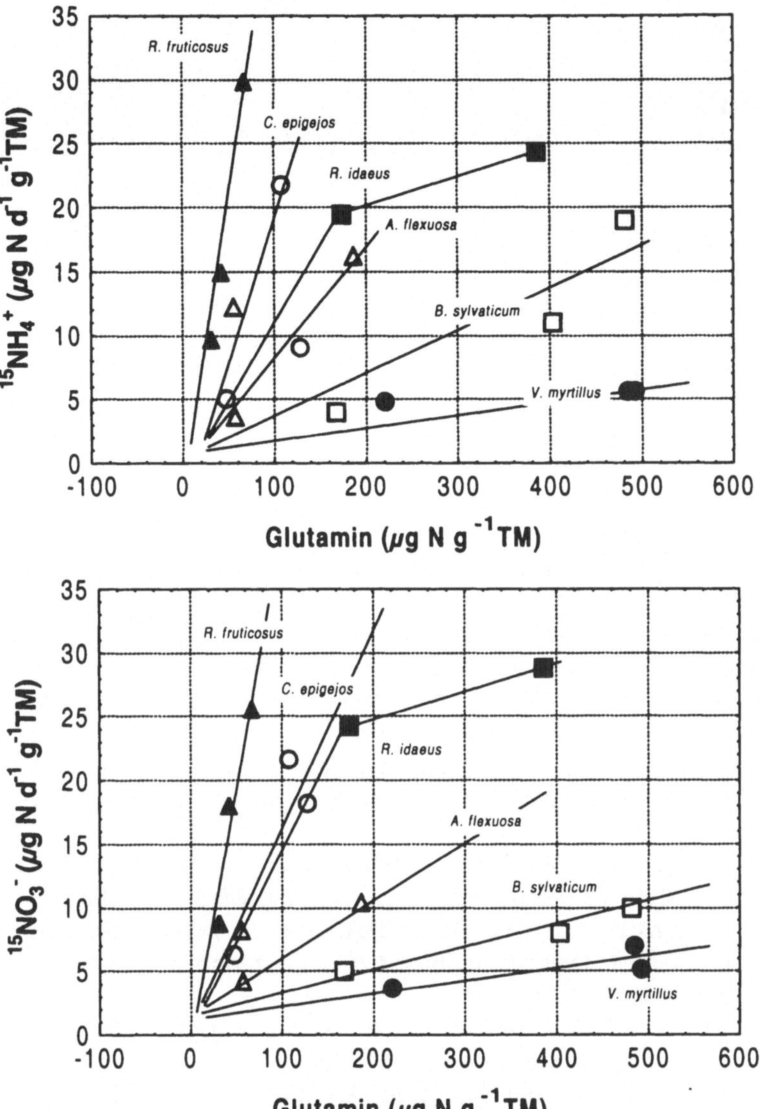

Abb. 1 Beziehungen zwischen den Aufnahmeraten für ^{15}N-Exzessmassen von Ammonium (a) und Nitrat (b) und der Anreicherung von Glutamin in Wurzeln von drei Gräsern (*A. flexuosa, B. sylvaticum, C. epigejos*) und drei Beersträuchern (*V. myrtillus, R. idaeus, R. fruticosus*) nach Applikation von 0,72, 1,43 und 2,15 g ^{15}NH$_4$NO$_3$ bzw. NH$_4$^{15}NO$_3$ pro Pflanzengefäß.

Danksagung

Für die Hilfe bei der Versuchsplanung und Versuchsbetreuung einschließlich der Unterstützung bei Probenahmen sei Frau Dr. Ines Merbach und ihren Mitarbeiterinnen herzlich gedankt. Unser Dank gilt auch Herrn Dr. Rolf Russow und Frau Heidemarie Odrich für die sorgfältige Durchführung der ^{15}N-Analytik.

Literaturverzeichnis

BRITTO, D.T.; KRONZUCKER, H.J., 2002: NH_4^+- toxicity in higher plants: a critical review, *Journal of Plant Physiology* 159, 567-584.

FORDE, B.G., 2000: Nitrate transporters in plants: structure, function and regulation. *Biochimica et Biophysica Acta* 1465, 219-235.

EDFAST, A.B.; NÄSHOLM, T.; ERICSSON, A., 1990: Free amino acid concentrations in needles of Norway spruce ans Scots pine trees on different sites in areas with two levels of nitrogen depositions. *Canadian Journal of Forest Research* 20, 1132-1136.

GLASS, A.D.M.; BRITTO, D.T.; KAISER, B.N.; KINGHORN, J.R.; KRONZUCKER, H.J.; KUMAR, A.; OKAMOTO, M.; RAWAT, S.; SIDDIQI, M.Y.; UNKLES, S.E.; VIDMAR, J.J., 2002: The regulation of nitrate and ammonium transport systems in plants, *Journal of Experimental Botany* 53, 855-864.

HOAGLAND, D.R.; SNYDER, W.C., 1934: Nutrition of strawberry plants under controlled conditions: (a) Eeffects of deficiencies of boron and certain other elements, (b) susceptibility to injury from sodium salts, *Proceedings of the American Society of Horticultural Science* 30, 288-293.

HUHN, G.; SCHULZ, H., 1996: Contents of free amino acids in Scots pine needles from field sites with different levels of nitrogen depositions, *New Phytologist* 134, 95-101.

KRONZUCKER, H.J.; SIDDIQI, M.Y.; GLASS, A.D.M., 1997: Conifer root discrimination against soil nitrate and the ecology of forest succession. *Nature* 385, 59-61.

KRONZUCKER, H.J.; SIDDIQI, M.Y.; GLASS, A.D.M.; KIRK, J.D, 1999a: Nitrate-Ammonium synergism in rice. A subcellular flux analysis, *Plant Physiology* 119, 1041-1045.

KRONZUCKER, H.J.; GLASS, A.D.M.; SIDDIQI, M., 1999b: Inhibition of nitrate uptake by ammonium in barley. Analysis of component fluxes, *Plant Physiology* 120, 283-291.

KRONZUCKER, H.J.; SIDDIQI, M.Y.; GLASS, A.D.M.; BRITTO, D.T., 2003: Root ammonium transport efficiency as a determinant in forest colonization patterns: an hypothesis, *Physiologica Plantarum* 117, 164-170.

PALOVE-BELANG, P.; MISTRIK, I., 2002: Differential effect of amino acids on nitrate uptake by intact maize roots, *Biologia Bratislava* 57, 119-124.

RUSSOW, R.; GOETZ, A., 1998: Elementaranalysator-MS-Kopplung für die ^{13}C- und ^{15}N-Bestimmung in Boden- und Pflanzenproben, *Archives of Agronomy and Soil Science* 42, 349-359.

Wurzelinduzierte Bodenvorgänge
14. Borkheider Seminar zur Ökophysiologie des Wurzelraumes
Hrsg.: W. Merbach, K. Egle, J. Augustin.
B. G. Teubner - Stuttgart • Leipzig • Wiesbaden (2004), S. 119 - 122

Stickstoffmonoxidbildung in Tabakwurzeln in Abhängigkeit von der Mykorrhizierung

Stefanie STREMLAU und Christine STÖHR

Institut für Botanik der Ernst-Moritz-Arndt-Universität Greifswald, Grimmer Straße 88, D-17487 Greifswald

Abstract

In arbuscular mycorrhizal (AM) symbiosis the plasma membrane of both, roots and fungi, is regarded to be the main contact zone between the two symbionts. Therefore plant proteins for regulating symbiotic interactions are expected to be located at the plasma membrane of roots. It has been shown that plasma membrane-bound nitrate reductase (PM-NR) and nitrite: NO reductase (NI-NOR) are tightly bound to the plasma membrane, root-specific and part of the nitrate assimilation pathway (STÖHR et al. 2001). Both enzymes, in interaction with each other, are involved in the extracellular formation of the signaling compound nitric oxide (NO). Although the physiological functions of both enzymes are not fully understood, it seems likely that the establishment and / or repression of mycorrhizal symbiosis might be regulated by the extracellular NO.

NO formation of tobacco plants (*Nicotiana tabacum* L. cv. Samsum) grown under different nitrate supplies have been analyzed *in planta* by confocal laser scanning microscopy (CLSM) using 4,5-Diaminofluorescein (DAF-2) as specific fluorescence marker for NO. Using the same technique, NO formation of non-mycorrhizal roots was compared with mycorrhizal roots, colonized with the endomycorrhizal fungus *Glomus mosseae*.

Einleitung

Die Fähigkeit fast aller Landpflanzen zur Ausbildung von Mykorrhiza-Symbiosen stellt eine wichtige Anpassung an die Ausnutzung geringer Nährstoffressourcen dar. Die Versorgung von Pflanzen mit Nährelementen wie P und N wird im Freiland häufig über Mykorrhizen geleistet zusätzlich zur direkten Aufnahme durch die pflanzliche Wurzel. Hierzu bilden etwa 80-90% der Landpflanzen eine spezielle Endomykorrhiza aus, die arbuskuläre Mykorrhiza (AM). Noch immer ist sehr wenig über die molekularen Mechanismen zur Etablierung bzw. Abwehr dieser Symbiose bekannt.

120

Eine wichtige Rolle im Nährstofftransfer zwischen beiden Symbionten spielen die für diesen Mykorrhizatyp charakteristischen Arbuskeln. Dabei handelt es sich um bäumchenartig verzweigte pilzliche Strukturen, die sich ausgehend von intrazellulären Hyphen innerhalb der pflanzlichen Rindenzellwände entwickeln und so durch ihre stark vergrößerte Oberfläche den Nährstofftransfer zwischen beiden Symbionten gewährleisten. Die sich entwickelnden Arbuskeln werden eng von der nun als periarbuskuläre Membran bezeichneten pflanzlichen Plasmamembran (PM) umschlossen. Diese PM hat unmittelbaren Kontakt zu den Symbionten, so dass pflanzliche Proteine zur Regulation dieser Interaktionen vor allem in der Plasmamembran von Wurzeln vermutet werden.

Seit langem ist der Zusammenhang zwischen Pflanzenernährung und Symbiose-Etablierung bekannt. Neben der Phosphaternährung beeinflusst auch die Nitraternährung der Pflanzen die Etablierung einer AM derart, dass unter ausreichender N-Versorgung eine Symbiose nicht etabliert werden kann. An der Plasmamembran von Wurzeln sind zwei spezifische Enzyme lokalisiert, die plasmamembrangebundene Nitratreduktase (PM-NR) (STÖHR und ULLRICH 1997) und die Nitrit:NO Reduktase (NI-NOR) (STÖHR et al. 2001). Zwar sind die physiologischen Funktionen dieser beiden Enzyme bisher noch nicht vollständig aufgeklärt worden, dennoch konnte gezeigt werden, dass die PM-NR über eine Interaktion mit der NI-NOR an der Bildung von NO am Wurzelplasmalemma beteiligt ist. So erscheint es vorstellbar, dass durch die lokale, plasmamembrangebundene extrazelluläre NO-Produktion der NI-NOR das Wurzelwachstum beeinflusst und eine Interaktion mit dem pilzlichen Symbionten kontrolliert werden könnte. Das NO, dem eine Beteiligung an der pflanzlichen Pathogenabwehr zugeschrieben wird (WENDEHENNE et al. 2001), könnte durch die Bildung der NI-NOR im Wurzelapoplasten als Signalstoff die Etablierung oder Hemmung einer AM beeinflussen.

Material und Methoden

Da AM-Pilze nur obligat symbiotisch vorkommen, wurde mit Tabakpflanzen (*Nicotiana tabacum* L. cv. Samsum), die mit Inokulat (BEG12) des AM-Pilzes *Glomus mosseae* beimpft wurden, ein Sandkultur-Symbiosesystem etabliert, bei dem einerseits hohe Mykorrhizierungsgrade der Pflanzenwurzeln erreicht werden konnten und andererseits die nicht-mykorrhizierten Kontrollpflanzen noch gutes Wachstum zeigten.

Um den Zusammenhang zwischen Nitratstoffwechsel und Symbioseentwicklung zu untersuchen und um eine mögliche Beteiligung des durch die NI-NOR freigesetzten NOs als Signalstoff an der Etablierung oder Hemmung einer AM nachzuweisen, wurde unter Verwendung der „Confocalen Laser-Scanning-Mikroskopie" (CLSM) ein System entwickelt, mit dem es möglich war, lebende Wurzeln zu untersuchen, ohne diese vom Spross trennen zu müssen. Unter Gewährleistung möglichst stressfreier Untersuchungsbedingungen konnten in Abhängigkeit von der Nitratkonzentration im Nährmedium Aussagen darüber gemacht werden, ob und wo in den mykorrhizierten und nicht-mykorrhizierten Wurzeln NO gebildet wird. Zum Nachweis des gebildeten NOs diente der NO-spezifische Fluoreszenzfarbstoff 4,5-Diaminofluorescein (DAF-2).

Dazu wurden zwei bis drei Tage vor der geplanten Untersuchung am CLSM etwa vier Wochen alte mykorrhizierte und nicht-mykorrhizierte Tabakpflanzen, die in Sandkultur mit Nährlösungen unterschiedlicher Nitratkonzentrationen angezogen worden waren, in kleine Petrischalen gesetzt und die Wurzeln mit Filtereinsätzen fixiert. Der Boden der Petrischalen war zuvor entfernt und gegen ein Deckgläschen ersetzt worden, so dass die Tabakwurzeln nun direkt dem Deckgläschen auflagen. Die Wurzeln wurden durch Umwickeln der Petrischale mit Alufolie gegen Lichteinflüsse geschützt und die Pflanzen weiterhin täglich mit der entsprechenden Nährlösung versorgt. Durch Zugabe des Fluoreszenzfarbstoffes DAF-2 in den Filtereinsatz der Petrischalen konnte so störungsfrei die NO-Bildung der mykorrhizierten und nicht-mykorrhizierten Wurzeln in Abhängigkeit von der Nitratkonzentration der Nährlösung am CLSM beobachtet werden.

Ergebnisse

Obwohl bereits bekannt ist, dass hohe Phosphatgaben die Mykorrhizierung von Pflanzenwurzeln hemmen, wurde in eigenen Versuchen gezeigt, dass nur bei so geringen Phosphatkonzentrationen wie 0,01 mM (in Sandkultur) eine optimale Mykorrhizierung erreicht werden konnte. Bei steigenden Phosphatgaben nahm der Mykorrhizierungsgrad kontinuierlich ab, bis schließlich bei optimaler Phosphatversorgung der Pflanze (maximales Wachstum) bei 3 mM keine Mykorrhizierung mehr auftrat. Ebenso wurde in diesem System durch hohe Nitratgaben (25 mM) die Mykorrhizierung der Wurzeln stark gehemmt.

Eine mögliche Beteiligung des durch die NI-NOR freigesetzten Stickstoffmonoxids als Signalstoff an der Etablierung oder Hemmung einer AM wurde am CLSM untersucht.

Unabhängig davon, ob es sich bei den untersuchten Wurzeln um mykorrhizierte oder nicht-mykorrhizierte Wurzeln handelte und ebenfalls unabhängig von der Nitratkonzentration der Nährlösung wurde das stärkste Fluoreszenzsignal an den Wurzelspitzen und hier speziell in der Zellteilungszone nachgewiesen, was auf eine mögliche Beteiligung des Stickstoffmonoxids bei Wachstumsprozessen der Wurzeln hindeuten könnte. Des Weiteren zeigten entgegen den Erwartungen insbesondere die Pflanzen eine hohe NO-Bildung, die mit niedrigen Nitratkonzentrationen (2 und 5 mM) in der Nährlösung angezogen wurden, während die NO-Bildung bei den mit 10 und 25 mM Nitrat angezogenen Pflanzen stark reduziert war. Da durch hohe Nitratkonzentrationen in der Nährlösung eine Mykorrhizierung gehemmt wird, könnte die NO-Bildung der Pflanze bei geringen Nitratgaben möglicherweise als Signal bei der Etablierung der Mykorrhiza gedeutet werden. Besonders hohe NO-Bildung trat außerdem in der Wurzelhaarzone stark mykorrhizierter Pflanzen auf. Hier beschränkte sich die NO-Bildung lokal auf die durch den Pilz infizierten Wurzelzellen, die ein starkes Fluoreszenzsignal insbesondere an den Plasmamembranen aufwiesen. Da sowohl die Pflanze (mögliche Enzyme: NI-NOR, Nitratreduktase, NO-Synthase-ähnliches Protein) als auch der Pilz (NO-Synthase) die Fähigkeit haben, NO zu bilden und am CLSM nicht zwischen pflanzlicher Plasmamembran und der des eingedrungenen Pilzes unterschieden werden kann, muss noch geklärt werden, ob es sich bei dem starken Fluoreszenzsignal im Bereich mykorrhizierter Zellen um eine verstärkte NO-Bildung des Pilzes oder der Pflanze handelt.

Die Ergebnisse legen nahe, dass ein Zusammenwirken der PM-NR und der NI-NOR bei der Etablierung von AM-Symbiosen von großer Bedeutung sein könnte.

Literaturverzeichnis

STÖHR, C.; ULLRICH, W.R., 1997: A succinate-oxidising nitrate reductase is located at the plasma membrane of plant roots. *Planta* 203, 129-132.

STÖHR, C.; STRUBE, F.; MARX, G.; ULLRICH, W.R.; ROCKEL, P., 2001: A plasma membrane-bound enzyme of tobacco roots catalyses the formation of nitric oxide from nitrite. *Planta* 212, 835-841

WENDEHENNE, D.; PUGIN, A.; KLESSIG, D.F.; DURNER, J., 2001: Nitric oxide: comparative synthesis and signaling in animal and plant cells. *Trends in Plant Science* 6, 177-183

Wurzelinduzierte Bodenvorgänge
14. Borkheider Seminar zur Ökophysiologie des Wurzelraumes
Hrsg.: W. Merbach, K. Egle, J. Augustin.
B. G. Teubner - Stuttgart • Leipzig • Wiesbaden (2004), S. 123 - 128

Einfluss von Tonmineralen und Fe-Oxiden auf die Mobilität von Schwermetallen und deren Aufnahme durch Weizen

Adel USMAN, Yakov KUZYAKOV und Karl STAHR

Institut für Bodenkunde und Standortslehre (310), Universität Hohenheim, D-70593 Stuttgart, e-mail: adel@uni-hohenheim.de

Abstract

The capacity of some additives to soil originated from sewage sludge to fix Cd, Zn, and Cu, was evaluated using a pot experiment. Following substances were applied: two natural clay minerals (Na-bentonite and zeolite) at 1 % and 2 %, and iron oxide (goethite) at 1 %. Metal content of wheat shoots and heavy metals available in the soil were determined after 45 days. The largest effects to reduce the mobility and phytoavailability of heavy metals occurred after addition of Na-bentonite at 2 %. Compared to the untreated soil, the mobility of all heavy metals was significantly reduced by 36 % and 16 % for Cd, by 25 % and 9 % for Zn, and by 33 % and 14 % for Cu using Na-bentonite and zeolite at 2 %, respectively. However, the addition of goethite reduced significantly the mobility of Zn and Cu by 9 % and 7 %, respectively. The highest reduction in shoot uptake of all heavy metals was occurred after addition of Na-bentonite at 2 %. Among tested additives, Na-bentonite exhibited a most promising potential to reduce bioavailability of Cd, Zn and Cu to wheat plant.

Einleitung

Die Anreicherung von Schwermetallen (SM) in Böden infolge von Klärschlamm-gaben kann zur Belastung des Trinkwassers und der Nahrungsmittel führen. Das Gefährdungspotential kann vermindert werden, indem die Verfügbarkeit der Schwermetalle durch Zugabe von Sorptionsmitteln verringert wird. Als wichtige Schwermetallsorbenten in Böden gelten z.B. Tonminerale und Fe-Oxide. Das Ziel dieser Arbeit war deshalb, die Auswirkungen der Zugabe von Tonmineralen (Na-Bentonit und Zeolith) und Fe-Oxiden (Goethit) auf die SM-Mobilität und auf deren Aufnahme durch Weizen im Gefäßversuch zu untersuchen.

Material und Methoden

Für den Gefäßversuch wurde ein aus Klärschlamm entstandener Boden aus Stuttgart verwendet, der folgende Gehalte an SM in kg Boden enthielt: Zn 4500, Cd 77 und Cu 2000 mg. Der Versuch erfolgte mit 1,5 kg Boden in dreifacher Wiederholung mit folgenden Varianten:

- KO: Kontrolle (ohne Zusätze)
- Na-B: Na-Bentonit (1 % und 2 %)
- Zeo: Zeolith (1 % und 2 %)
- Goe: Goethit (1 %)

Die SM-Aufnahme durch Pflanze wurde anhand des Anbaus von Weizen (*Triticum aestivum* L.) untersucht. Über den gesamten Zeitraum des Experimentes (45 Tage) wurde der Wassergehalt in den Gefäßen auf 70 % der Feldkapazität eingestellt.

Analysen

Die Gehalte an pflanzenverfügbaren Zn, Cd und Cu im Boden wurden mit 1 M NH_4NO_3 (1:25) extrahiert. Die SM-Gehalte der oberirdischen Pflanzenmasse wurden durch Nassveraschung mit HNO_3 aufgeschlossen. Die SM-Konzentrationen in Pflanzen- und Bodenextrakten wurden am AAS bestimmt. K_d-Werte, mit denen die Mobilität von Schwermetallen beschrieben werden kann, wurden durch den Anteil der mobilen Fraktion [NH_4NO_3-Extrakt] (mg kg^{-1}) am SM-Gesamtgehalt im Boden (mg kg^{-1}) ausgedrückt. Der Index der Verfügbarkeit von SM wurde folgendermaßen berechnet: Index der Verfügbarkeit = SM-Gehalte in den oberirdischen Pflanzen x 100/SM-Gesamtgehalt im Boden (Moreno et al. 1997).

Ergebnisse und Diskusion

Einfluss von Tonmineralen und Fe-Oxiden auf die Mobilität der Schwermetalle im Boden aus Klärschlamm

Zu Beginn des Experimentes nahm die Mobilität der Schwermetallen (K_d-Werte) in folgender Reihe ab: Cu (0,03) > Cd (0,02) > Zn (0,01). Die höchste Mobilität von Kupfer könnte nach HERMS und BRÜMMER (1978) durch lösliche organische Komplexe bedingt sein. Nach 45 Tagen Weizenanbau verringerte sich die Mobilität von Cd in der Kontrolle (KO) im Vergleich zur anfänglichen Mobilität signifikant (Abb. 1). Eine Erklärung hierfür ist in der größeren Aufnahme von Cd durch Weizen und in der Festlegung von Cd in den Bodenkomponenten (besonders in organischen Substanzen und $CaCO_3$) im Laufe der Zeit zu sehen. Tatsache ist, dass die organische Substanzen im Boden die Cd-Verfügbarkeit durch Bildung stabiler Cd-Komplexe veringern (GABRIEL et al. 1999). In der Untersuchung ergaben sich keine signifikanten Effekte des Weizenanbaus auf die Mobilität von Zn und Cu.

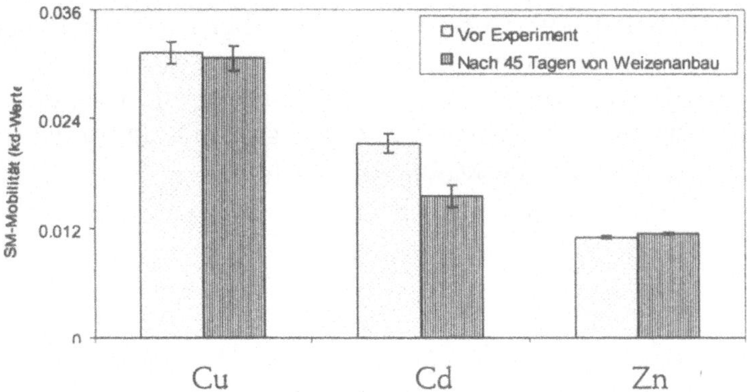

Abb. 1. Mobilität von Cd, Zn und Cu vor Experimentbeginn und nach 45 Tagen Weizenanbau.

Die Ergebnisse (Abb. 2) zeigen, dass der Einsatz von Tonmineralen und Fe-Oxiden die Mobilität von Schwermetallen (Cd, Zn und Cu) beeinflusst. Die Mobilität von Cd, Zn und Cu wurde durch Zugabe (2 %) von Tonmineralen (Na-Bentonit und Zeolith) verringert. Dagegen verringerte die Zugabe von Fe-

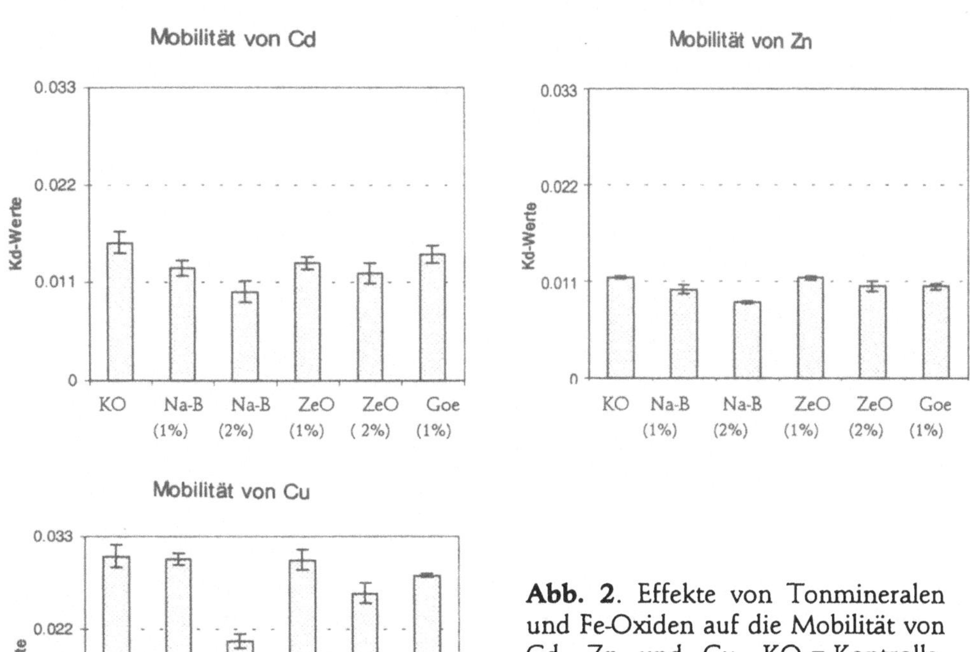

Abb. 2. Effekte von Tonmineralen und Fe-Oxiden auf die Mobilität von Cd, Zn und Cu. KO = Kontrolle, Na-B = Natrium-Bentonit, Zeo = Zeolith, Goe = Goethit

Oxiden (Goethit) die Mobilität von Zn und Cu, zeigte aber keine Effekte auf die Mobilität von Cd. Die Fe-Oxide bilden für Zn und Cu eine stabile Senke, während für Cd mit dem größeren Ionenradius die Diffusion in die Fe-Oxide offenbar behindert ist (KEPPLER und BRÜMMER 1997, FISCHER und BRÜMMER 1993). Die deutlichste Reduzierung der SM-Mobilität wurde durch Einsatz von Na-Bentonit von 2 % erreicht. Im Vergleich zur Kontrolle verringerte die Zugabe von 2 % Na-Bentonit die Mobilität von Cd um 36 %, Zn um 25 %, und Cu um 33 %.

Einfluss der Tonmineralen und Fe-Oxide auf den Index der Bioverfügbarkeit von SM und deren Aufnahme durch Weizen

Der Index der Bioverfügbarkeit von SM nahm in der Reihefolge: Cd > Zn > Cu ab (Abb. 3). Es wurde beobachtet, dass Cd und Zn eine niedrigere Mobilität im Boden und einen größeren Verfügbarkeitsindex aufweisen als Cu. Ursache dafür ist, dass die Pflanzen Cd und Zn leichter aufnehmen können als Cu. Der niedrige Verfügbarkeitsindex für Cu könnte durch die Bildung unlöslicher Komplexe mit den organischen Substanzen in der Rhizosphäre bedingt sein, die die Aufnahme von Cu durch Pflanzen behindern.

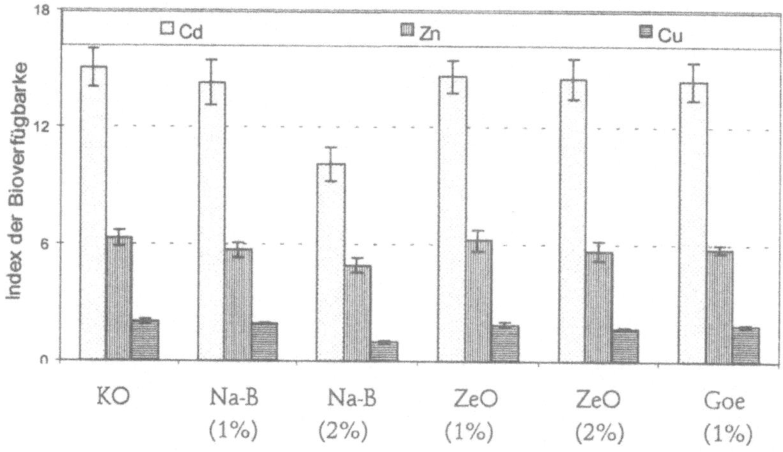

Abb. 3. Effekte von Tonmineralen und Fe-Oxiden auf die Indices der Bioverfügbarkeit KO = Kontrolle, Na-B = Natrium-Bentonit, Zeo = Zeolith, Goe = Goethit

Die Zugabe von Fe-Oxiden (Goethit) hatte keine Auswirkungen auf die SM-Aufnahme durch Weizen (Abb. 4). Die Zugabe von 2 % Zeolith verringerte nur die Cu-Aufnahme durch Weizen, zeigte aber keine Effekte auf Cd und Zn. In der Untersuchung weist die Zugabe von 2 % Na-Bentonit die höchste Reduzierung der SM-Aufnahme durch Weizen auf. Die Zugabe von 2 % Na-B reduzierte signifikant die Aufnahme von Cd (22 %), Zn (10 %), und Cu (44 %).

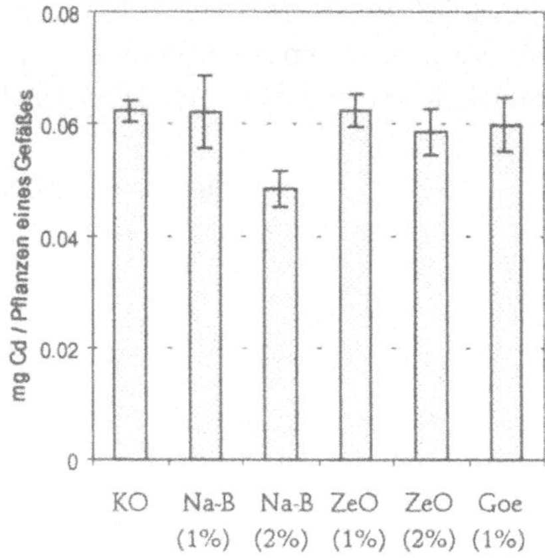

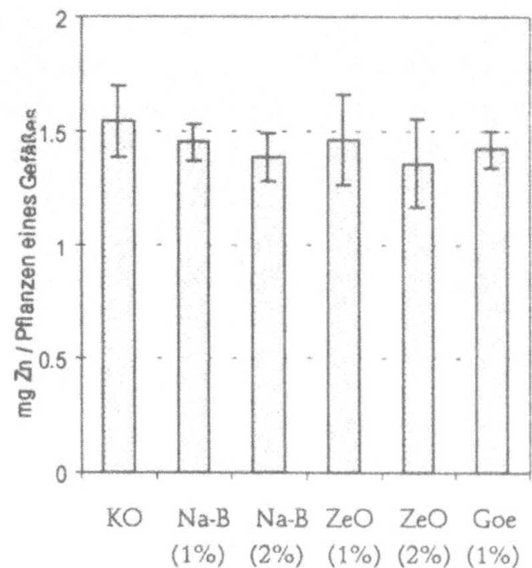

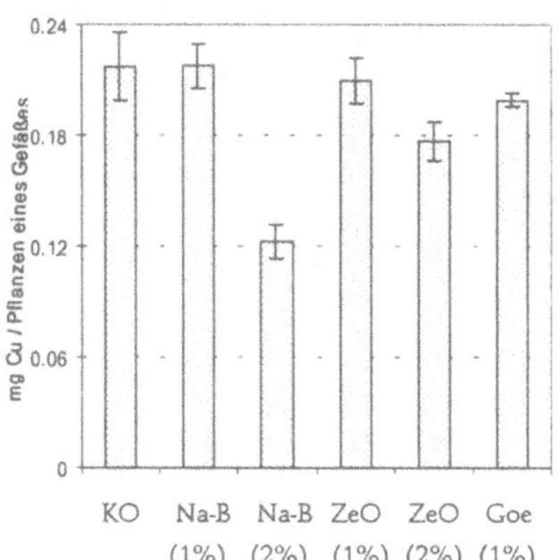

Abb. 4. Effekte von Tonmineralen und Fe-Oxiden auf SM-Aufnahme durch Weizen. KO = Kontrolle, Na-B = Natrium-Bentonit, Zeo = Zeolith, Goe = Goethit

Zusammenfassung

Die Zugabe von Na-Bentonit ist als Bodenzusatz zu einem Boden aus Klärschlamm in der Lage, Schwermetalle von Cd, Zn, und Cu wirksam festzulegen. Der Index der Verfügbarkeit von SM und die Aufnahme von SM durch Weizen gingen deutlich zurück.

Literaturverzeichnis

FISCHER, L.; BRÜMMER, G.W., 1993: Schwermetallbindung durch Goethit: Adsorption, Diffusion und Festlegung verschiedener Schwermetalle, *Mitteilungen der Deutschen Bodenkundlichen Gesellschaft* 72, 335-338.

GABRIEL, A.; STEFFEN, D.; SCHUBERT, S., 1999: Agronomische Maßnahmen zur Reduzierung der Cadmiumaufnahme bei Salat (*Lactua sativa* L.). In: MERBACH, W.; WITTENMAYER, L.; AUGUSTIN, J. (Hrsg.): *Stoffumsatz im wurzelnahen Raum*, Leipzig B. G. Teubner, 68-73

HERMS, U.; BRÜMMER, G.W., 1978: Einfluss organischer Substanz auf die Mobilität von Schwermetallen, *Mitteilungen der Deutschen Bodenkundlichen Gesellschaft* 27, 181-192.

KEPPLER, J.; BRÜMMER, G.W., 1997: Schwermetall-Bindungsformen in Böden und ihre Veränderung über die Zeit-Ergebnisse eines Inkubationsversuches, *Mitteilungen der Deutschen Bodenkundlichen Gesellschaft* 85, 255-258.

MORENO, J.L.; GARCIA, C.; HERNANDEZ, T.; AYUSO, M.., 1997: Application of composted sewage sludges contaminated with heavy metals to an agricultural soil. *Soil Science and Plant Nutrition* 43, 565-573.

Wurzelinduzierte Bodenvorgänge
14. Borkheider Seminar zur Ökophysiologie des Wurzelraumes
Hrsg.: W. Merbach, K. Egle, J. Augustin.
B. G. Teubner - Stuttgart • Leipzig • Wiesbaden (2004), S. 129 - 136

Die Bedeutung des Wurzelumsatzes für die Nährstoffaufnahme – Eine Sensitivitätsanalyse

Bernd STEINGROBE

Institut für Agrikulturchemie der Georg-August-Universität, Carl-Sprengel-Weg 1, D-37075 Göttingen

Abstract

Fine roots are continuously growing and dying during plant growth, i.e. the fine root system underlies a continuous turnover. By use of a mechanistic model to describe nutrient transport in the soil and nutrient uptake, it could be shown that this root turnover can be of benefit for nutrient uptake. New roots grow into undepleted soil areas and are able to perform a higher inflow than older roots in depleted soil areas. However, this result was not consistent. The model was used in a sensitivity analysis to reveal the influence of single transport and uptake parameters on calculated uptake assuming a wide range of root turnover rates. The benefit of root turnover for nutrient uptake is highest at poor nutrient availability, i.e. low soil solution concentration and low soil moisture content. Furthermore, the benefit increases with a high maximum inflow. However, these results are only a first attempt to investigate the relevance of root turnover. Exudation pattern, mycorrhiza, inhomogenuous nutrient supply, variable uptake physiology and other facts influencing nutrient uptake were not taken into account.

Einleitung

Das Feinwurzelsystem von Pflanzen unterliegt einem ständigen Umsatz, d. h. es wachsen laufend Wurzeln nach, während ältere absterben. Die Größe des aktuellen Wurzelsystems ist also nur eine Nettobilanz dieser Prozesse. Für Hafer, Sonnenblume (SAUERBECK et al. 1980), Erdnuss (KRAUSS und DEACON 1994), Zuckerrübe (STEINGROBE 2001), Weizen und Gerste (SWINNEN 1994) konnte gezeigt werden, dass die Gesamtwurzelproduktion um den Faktor 2 bis 6 größer sein kann als die Nettogröße der jeweiligen Wurzelsysteme. Die mittlere Lebensdauer einer Feinwurzel liegt zwischen 2 und 7 Wochen (EISSENSTAT und YANAI 1997). Die genaue Ursache für diese Wurzelerneuerung und der mögliche Nutzen für die Pflanze sind noch unbekannt. Eine ständige Erneuerung erlaubt es aber der Pflanze, auf veränderte Umweltbedingungen, ungleichmäßige Nährstoffverteilung im Boden, Pathogenangriffe oder abnehmende Leistungsfähigkeit alter Wurzeln dynamisch zu reagieren.

Unter der Annahme, dass neue Wurzeln in unverarmten Boden wachsen, ergäbe sich ebenfalls ein Vorteil für die Pflanze: Die jungen Wurzeln können mit höherer Rate Nährstoffe aufnehmen als alte Wurzeln in verarmten Bodenbereichen. Die Bedeutung dieses Prozesses konnte mit Hilfe eines Modells zur Beschreibung des Nährstofftransportes im Boden und der Nährstoffaufnahme gezeigt werden. Unter Berücksichtigung der Wurzelerneuerung ergab sich eine bis zu 100 % höhere P-Aufnahme für Gerste (STEINGROBE et al. 2001) und Zuckerrübe (STEIN-GROBE 2001) gegenüber der Annahme eines stabilen Wurzelsystems. Für die K-Aufnahme von Ackerbohne ließen sich ähnliche Ergebnisse ermitteln (unveröffentlicht). Allerdings zeigte sich nicht in allen Fällen ein Vorteil für die Nährstoffaufnahme durch die Wurzelerneuerung. In einer Sensitivitätsanalyse soll nun untersucht werden, unter welchen Bedingungen der Wurzelerneuerung eine große Bedeutung für die Nährstoffaufnahme zukommt.

Material und Methoden

Modell

Für die Berechnungen wurde das Modell von CLAASSEN (1990) genutzt, das auf der Transportgleichung von NYE und MARRIOTT (1969) basiert:

$$ b\frac{\partial C_L}{\partial t} = \frac{1}{r}\frac{\partial}{\partial r}\left(rD_L\Theta f\frac{\partial C_L}{\partial r} + v_0 r_0 C_L \right) $$

C_L : die Nährstoffkonzentration in der Bodenlösung,
b : die Pufferung,
r : der radiale Abstand zur Wurzel,
D_L : der Diffusionskoeffizient des Nährstoffes in Wasser,
Θ : der volumetrische Bodenwassergehalt,
f : ein Widerstandsfaktor,
v_0 : der Wasserfluss an der Wurzeloberfläche,
r_0 : der Wurzelradius und t ist die Zeit.

Die Gleichung wird numerisch integriert. Dies macht folgende Start- und Randbedingungen erforderlich: Die Wurzeln sind gleichmäßig im Boden verteilt, ebenso die Nährstoffkonzentration in der Bodenlösung zu Beginn der Rechnung (C_{Li}). Der Nährstoffflux an der Wurzeloberfläche entspricht dem Inflow (Aufnahmerate), der mit der Michaelis-Menten-Kinetik berechnet wird. Eine Beschränkung des Modells liegt darin, dass der maximale Inflow (I_{max}), Θ und der Abstand zwischen den Wurzeln als konstant angenommen wird.

Das Modell berechnet die Verteilung der Nährstoffe um die Wurzel (Verarmungsprofil) und den Inflow eines cm Wurzels im zeitlichen Verlauf. Bei Kenntnis der Wurzellänge und der Wurzelwachstumsraten lässt sich so die gesamte

Nährstoffaufnahme in einem Zeitraum für ein eher stabiles Nettosystem mit älteren Wurzeln und ein sich erneuerndes System mit wachsenden und absterbenden Wurzeln errechnen.

Datengrundlage

Die Eingabedaten (Tab. 1) entstammen einem Versuch mit Ackerbohnen auf einem alluvialen Lehmboden.

Tab. 1. Datensatz für die Modellierung (Ackerbohne, 73 (t_1) bis 92 (t_2) Tage nach Aussaat).

Pflanzendaten			Bodendaten		
Nettowurzellänge	t_1	2,42 km m^{-2}	Vol. Wassergehalt	Θ	0,20
	t_2	3,59 km m^{-2}	Wiederstandsfaktor		1,53 Θ -0,17
Bruttowachstum	$t_2 - t_1$	3,02 km m^{-2}	K- Konzentration in der Bodenlösung	C_{Li}	0,153 µmol cm^{-3}
Wurzelverlust	$t_2 - t_1$	1,85 km m^{-2}	Pufferung	C=	14,1$C_L^{0,08}$ - 9,1
Maximaler Inflow	I_{max}	2,2 pmol cm^{-2}s^{-1}	Wasserfluss zur Wurzel		0
Michaelis-Konst.	K_m	5 nmol cm^{-3}			
Minimumkonz.		0			

Der Standort war ausreichend mit Nährstoffen versorgt. 73 und 92 Tage nach der Aussaat wurden Wurzelproben mit einem Bohrer entnommen und die Wurzellänge hierin bestimmt. Diese Ergebnisse stellen die Entwicklung des Nettosystems dar. Parallel dazu wurde das Bruttowachstum mit der „Ingrowth-Cores-Methode" bestimmt (STEINGROBE et al. 2000, 2001).

Ergebnisse

Für die Sensitivitätsanalyse wurden die Parameter Nettogröße des Wurzelsystems, Bruttowachstum, Konzentration in der Bodenlösung (C_{Li}), volumetrischer Wassergehalt (Θ) und maximale Aufnahmerate (I_{max}) variiert und die jeweils errechneten Aufnahmen unter Berücksichtigung des Wurzelumsatzes relativ zu der errechneten Aufnahme basierend auf der Größe des Nettosystems betrachtet. Diese Relation wird im folgenden als Mehraufnahme durch Wurzelerneuerung bezeichnet.

Sowohl eine Veränderung der Nettogröße des Wurzelsystems als auch des Bruttowachstums wirkten sich auf die berechnete Mehraufnahme durch die Wurzelerneuerung aus (Abb. 1a). Die Bedeutung des Bruttowachstums scheint hierbei mit zunehmender Nettogröße des Wurzelsystems abzunehmen. Dies liegt aber daran, dass das Verhältnis Bruttowachstum zu Nettogröße ebenfalls kleiner wird.

132

Um dies zu berücksichtigen, ist in Abb. 1b die errechnete Mehraufnahme in Abhängigkeit von der relativen Bruttowachstumsrate dargestellt. Die relative Bruttowachstumsrate ist der tägliche Bruttozuwachs, bezogen auf die Nettogröße des Wurzelsystems. Es ergibt sich ein asymptotischer Kurvenverlauf, d. h. die Mehraufnahme, die sich durch die Wurzelerneuerung ergibt, erreicht beim gegebenen Datensatz maximal 70 %. Dieser Maximalwert ergibt sich aus der zeitlichen Entwicklung des berechneten Inflow (Abb. 2). Eine junge Wurzel, die in einen unverarmten Bodenbereich wächst, kann einen hohen Inflow verwirklichen. Mit zunehmendem Alter bildet sich eine Verarmungszone um die Wurzel, d. h. die Nährstoffkonzentration an der Wurzeloberfläche sinkt ab. Dies hat einen geringeren Inflow zur Folge. Bei dem gewählten Datensatz liegt der Inflow junger Wurzeln ca. 70 % über dem alter Wurzeln. Dies ist die ma-

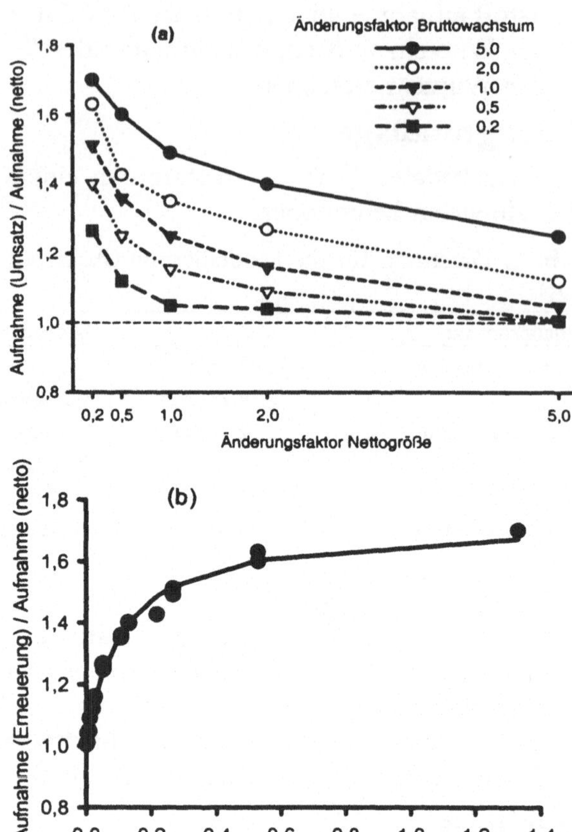

Abb. 1. Einfluss der (a) Nettogröße des Wurzelsystems und des Bruttowachstums sowie (b) der daraus abgeleiteten relativen Wurzelwachstumsrate auf die errechnete Mehraufnahme durch Wurzelerneuerung

ximale Mehraufnahme, die erreicht werden kann, wenn ein Wurzelsystem nur aus sehr jungen Wurzeln bestehen würde. Diese Annahme ist aber unrealistisch. Tatsachlich liegen Bruttowachstumsraten im Bereich bis maximal 0,1 d⁻¹. Dies bedeutet für den gewählten Datensatz, dass die Pflanze bei einer realistischen Wurzelerneuerung ca. 30 - 40 % mehr Nährstoffe aufnehmen kann als dies bei einem stabilen Nettosystem möglich wäre.

Die Ausbildung der Verarmungszone um die Wurzel und damit die Entwicklung des Inflow hängten stark von den Transportbedingungen im Boden ab (CLAASSEN und STEINGROBE 1999). Eine Erhöhung von C_{Li} um Faktor 3 bis 10 - dies entspricht üblichen Nitratkonzentrationen in der Bodenlösung - führt zu keiner

Mehraufnahme (Abb. 3a), d. h. auch alte Wurzeln können mit einem hohen Inflow Nährstoffe aufnehmen. Wird C_{Li} bis um Faktor 100 vermindert, dies entspricht üblichen P-Konzentrationen, vergrößert sich der Vorteil durch Wurzelerneuerung. Für realistische Wurzelwachstumsraten bis 0,1 d^{-1} liegt die erreichbare Mehraufnahme im Bereich 60 - 70 % bei sehr niedrigem C_{Li}.

Zusätzlich zur Bodenlösungskonzentration wurde der volumetrische Wassergehalt (Θ) verändert, um die Diffusionsbedingungen im Boden zu variieren (Abb. 3b). Bei hohem C_{Li} hatte Θ keinen Einfluss. Bei niedrigem C_{Li} hingegen erhöht Bodentrockenheit noch einmal den Vorteil, der sich aus der Wurzelerneuerung ergibt. Hohe Boden-

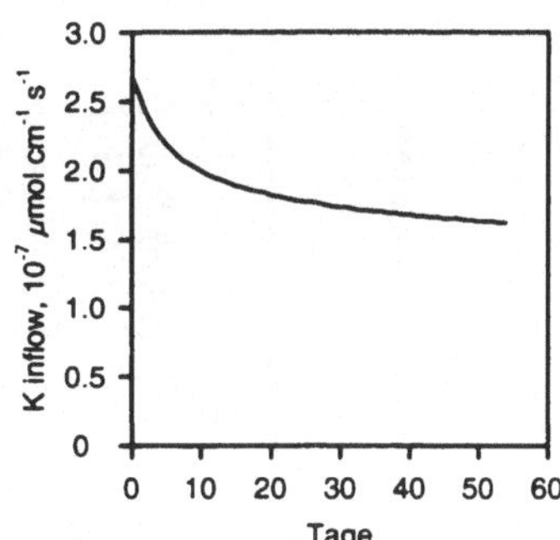

Abb. 2. Zeitliche Entwicklung des errechneten Inflow basierend auf dem Datensatz aus Tab. 1.

feuchte, also günstigere Diffusionsbedingungen, vermindern die Mehraufnahme entsprechend. Bei sehr geringer Nährstoffverfügbarkeit, d.h. niedriger Konzentration und trockenem Boden, könnte die Pflanze durch eine hohe Bruttowachstumsrate ihren Inflow gegenüber einem sich nicht erneuernden Wurzelsystem verdoppeln. Die Variation der maximalen Aufnahmerate (I_{max}) sollte den Einfluss der Wurzelphysiologie zeigen (Abb. 4). Bei einer hohen C_{Li} hatte I_{max} einen sehr geringen Einfluss. Der Nährstofftransport zur Wurzel war groß genug, um auch bei einem hohen Inflow alter Wurzeln die Pflanzen ausreichend zu versorgen. Bei niedrigen Konzentrationen stieg die Bedeutung von I_{max} deutlich an. Besonders im mittleren Konzentrationsbereich bringt die Wurzelerneuerung in Kombination mit einem hohen I_{max} deutliche Vorteile für die Pflanze. Dies ist insofern überraschend, als dass bei niedrigen Bodenlösungskonzentrationen in der Regel die Transportbedingungen im Boden und nicht die Aufnahmephysiologie der Pflanze die Aufnahme dominiert (CLAASSEN und STEINGROBE 1999). Ein hohes I_{max} hat aber anscheinend auch bei schlechten Versorgungsbedingungen für junge Wurzeln noch eine gewisse Bedeutung, sodass eine hohe Anzahl junger Wurzeln sich positiv auf die Gesamtaufnahme auswirken kann.

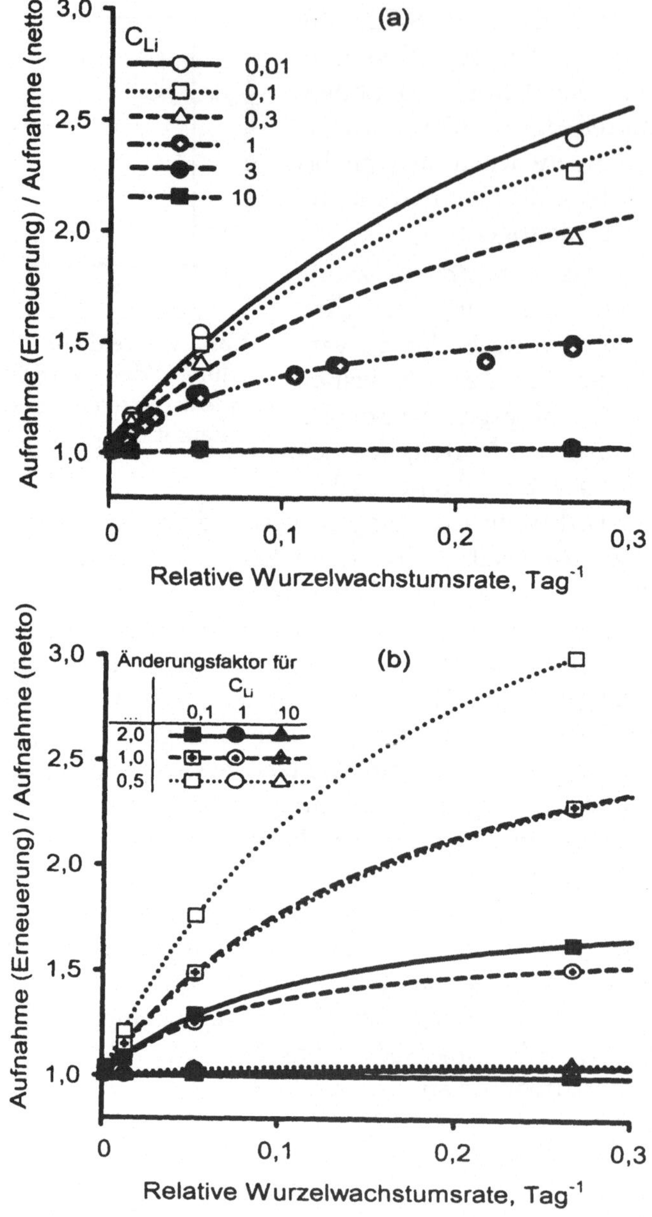

Abb. 3. Einfluss der (a) Ausgangs-konzentration in der Bodenlösung, C_{Li}, und (b) des volumetrischen Wassergehaltes, Θ, auf die berechnete Mehraufnahme durch Wurzelerneuerung bei variierter Wurzelwachstumsrate

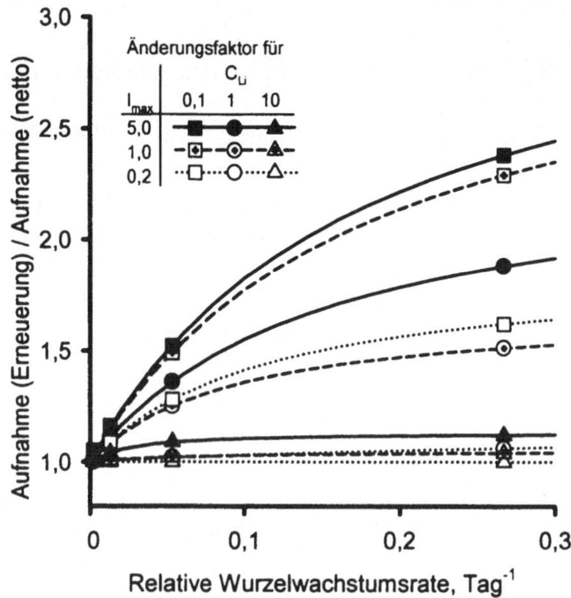

Abb. 4. Einfluss des des maximalen Inflow (I_{max}) auf die Beziehung zwischen der relativen Wurzelwachstumsrate und der berechneten Mehraufnahme

Die Ergebnisse dieser Sensitivitätsanalyse zeigen, dass die Erhöhung des Wurzelumsatzes, wie sie bei P- und K-Mangel für unterschiedliche Kulturen im Feldanbau bereits gefunden wurde (STEINGROBE 2001, STEINGROBE et al. 2001), einen Mechanismus der Nährstoffeffizienz darstellen kann. Unter den gegebenen Bedingungen war maximal eine Verdopplung des Inflow gegenüber einem sich nicht erneuernden Wurzelsystem ermittelbar, wurden nur die Vorteile betrachtet, die sich aus den Diffusionsbedingungen im Boden und aus dem Vergleich nicht verarmter und verarmter Bodenbereiche ergeben. Die hier gezeigten Ergebnisse stellen nur einen ersten Ansatz dar, die Bedeutung des Wurzelumsatzes abzuschätzen. Phänomene wie Wurzelkonkurrenz, ungleiche Nährstoffverteilung im Boden, Exsudation, Mykorrhizierung, abnehmende Aufnahmeleistung älterer Wurzeln u.a. wurden hierbei nicht berücksichtigt. So wird die gemessene Nährstoffaufnahme durch das Transport- und Aufnahmemodell gerade bei knapper Nährstoffversorgung häufig unterschätzt, auch wenn der Wurzelumsatz berücksichtigt wird. Dies deutet darauf hin, dass Pflanzen mehrere Mechanismen nutzen, die Nährstoffaufnahme unter Mangelbedingungen zu erhöhen.

Literaturverzeichnis

CLAASSEN, N., 1990: Nährstoffaufnahme höherer Pflanzen aus dem Boden. Severin Verlag, Göttingen.

136

CLAASSEN, N.; STEINGROBE, B., 1999: Mechanistic simulation models for a better understanding of nutrient uptake from soil. In: Z. RENGEL (Hrsg.): *Mineral Nutrition of Crops*. Haworth Press, New York, 327-367.

EISSENSTAT, D.M.; YANAI, R.D., 1997: The ecology of root lifespan. *Advances in Ecological Research* 28, 2-60.

KRAUSS, U.; DEACON, J.W., 1994: Root turnover of groundnut in soil tubes. *Plant and Soil* 166, 259-270.

NYE, P.H.; MARRIOTT, F.H.C., 1969: A theoretical study of the distribution of substances around roots resulting from simultaneous diffusion and mass flow. *Plant and Soil* 30, 459-472.

SAUERBECK, D.; NONNEN, S.; ALLARD, J.-L., 1980: Assimilateverbrauch und -umsatz im Wurzelraum in Abhängigkeit von Pflanzenart und -anzucht. *Landwirtsch. Forsch. Sonderh.* 37, 207-216.

STEINGROBE B. 2001: Root renewal of sugar beet as a mechanism of P uptake efficiency. *Journal of Plant Nutrition and Soil Science* 164, 533-539.

STEINGROBE, B.; SCHMID, H.; CLAASSEN, N., 2000: The use of the ingrowth core method for measuring root production of arable crops - influence of soil conditions inside the ingrowth core on root growth. *Journal of Plant Nutrition and Soil Science* 163, 617-622.

STEINGROBE, B.; SCHMID, H.; CLAASSEN, N., 2001: Root production and root mortality of winter barley and it implication with regard to phosphate acquisition. *Plant and Soil* 237, 239-248.

SWINNEN, J., 1994: Rhizodeposition and turnover of root-derived organic material in barley and wheat under conventional and integrated management. *Agricultural Ecosystems and Environment* 51, 115-128.

6
Beeinflussbarkeit von Agroökosystemen

Wurzelinduzierte Bodenvorgänge
14. Borkheider Seminar zur Ökophysiologie des Wurzelraumes
Hrsg.: W. Merbach, K. Egle, J. Augustin.
B. G. Teubner - Stuttgart • Leipzig • Wiesbaden (2004), S. 139 - 145

Einfluss von Grundwasser und Trittbelastung auf den Prozess der Torfmineralisation und die Stoffbilanzen

Monique MASCHE[*]
ZALF Müncheberg, Duisburger Str. 13, D-14612 Falkensee

Abstract

Pasture with burdening on peat-bog done four times a year has more positive effects on the water balance than twice grassland use. The saving of water that has been determined by lysimeters evokes no positive effects on the N-, P-, K- or Ca-balance. Due to the lower depth of the plant roots under lowland bog used for pasture more nutrients were leached into the ground water. The soil compression leads to anaerobic conditions. Therefore the phosphorus becomes more mobile and migrates into the outlet. The effect on the peat mineralization and the nutrient balances was not as clear as assumes, because other parameters like the combination of the vegetation formation and the age of the plants also had a strong influence on the factor. The younger plants from the pastures have show higher nutrient contents so that the nutrient export is higher and the balance becomes more negative.

Einleitung

Weite Bereiche des Havelländischen Luchs sind durch sandunterlagerte, stark reliefierte Niedermoore gekennzeichnet. Im Interesse der Erhaltung dieser ökologisch wertvollen Lebensräume sind sowohl die intensive landwirtschaftliche Saatgrasnutzung als auch die Überlassung der Flächen zur freien Sukzession bei nicht vollkommener Wiedervernässbarkeit nicht vertretbar. Vielmehr muss nach ökologisch und ökonomisch sinnvollen Bewirtschaftungsstrategien gesucht werden. Dabei spielt die Beweidung eine übergeordnete Rolle, da Mähfutter nur noch in einem bescheidenen Umfang benötigt wird. Durch die Weidenutzung mit standörtlich geeigneten Rassen wird sowohl der Verbuschung als auch der Bodenauflockerung entgegengewirkt.

---

[*] Den wissenschaftlichen Betreuern des o. g. Arbeitsthemas, Herrn Prof. Dr. G. Schalitz und Herrn Dr. A. Behrendt von der Forschungsstation Paulinenaue des ZALF Müncheberg, möchte ich meinen herzlichsten Dank für die Überlassung des Themas und der Daten sowie ihrer vielfältigen Unterstützung aussprechen.

In einem vierjährigen Lysimeterversuch in der Forschungsstation des ZALF in Paulinenaue wurde modellhaft der Frage nachgegangen, welchen Einfluss Mäh- und Weidenutzung bei unterschiedlichen an die natürlichen Bedingungen des Paulinenauer Forschungsstandortes angepassten Grundwasserstände auf den Prozess der Torfmineralisation und die Stoffbilanzen (N, P, K, Ca) haben. Parallel zu den Stoffbilanzen wurde auch die Entwicklung der Vegetation betrachtet (s. dazu SCHALITZ et al. 2002), die sich nachhaltig auf die Ergebnisse auswirkt.

Material und Methoden

Der Versuch wurde in den Jahren 1997 bis 2000 in den nicht wägbaren Grundwasserlysimetern 1 bis 8 durchgeführt. Die Gefäße der Paulinenauer Lysimeteranlage haben eine kreisrunde Oberfläche von 1 m^2 und eine Tiefe von 1,5 m. Die Böden stammen aus dem Havelländischen Luch bei Paulinenaue und sind für das Rhin-Havelluch sowie die flach- bis mitteltiefgründigen Moore Brandenburgs weitgehend repräsentativ (SCHALITZ et al. 2002). Auf allen Lysimetern wurde eine einheitliche Gräsermischung angesät. Gedüngt wurde – um einseitiger Verarmung vorzubeugen – nur Kali in einer Menge von 150 kg K/ha. Die Versuchskonzeption sah eine zweischürige Mähnutzung und eine Weidenutzung mit vier Umtrieben vor (Tab. 1). Zur Nachahmung des Weidetritts diente eine Vorrichtung, mit der über ein Manometer kontrolliert eine Belastung von 15 kp/cm^2 ausgeübt wurde. Im Fall der Variante 1 musste der Druck jedoch auf 8 bis 10 kp/cm^2 gedrosselt werden, weil bereits bei dieser Belastung die Grasnarbe infolge der Scherwirkung Schaden nahm.

Tab. 1. Prüfglieder des Versuches (Nutzungsart und Grundwasserbedingungen)

Variante	Lysimeternummer	Nutzungsart	Grundwasserstand Winter (1.12. – 30.4.)	Grundwasserstand Vegetationsperiode (1.5. – 30.11.)	simulierter Standort
1	1	Mähnutzung	5 cm Überstau	0 – 30 cm	Senke
	2	Weidenutzung			
2	3	Mähnutzung	0 cm	30 – 50 cm	Tieflage
	4	Weidenutzung			
3	5	Mähnutzung	20 – 30 cm	40 – 70 cm	Normallage
	6	Weidenutzung			
4	7	Mähnutzung	40 cm	50 -100 cm	Kuppe
	8	Weidenutzung			

Einfluss der Bodenverdichtung und der Nutzungsintervalle auf die Pflanzenzusammensetzung und den Wurzelraum

Auf Niedermoorstandorten kommt es ganz besonders darauf an, im Sinne des Bodenschutzes sinnvolle Nutzungsstrategien zu finden. Die Bodenverdichtung spielt dabei eine wichtige Rolle. Eine zu starke Bodenbeanspruchung durch landwirtschaftliche Großgeräte kann zur Ausprägung eines Plattengefüges in 15 bis 25 cm Tiefe führen, was einen verminderten Wasser- und Nährstoffaustausch zur Folge hat und im über dieser Schicht liegenden Bodenbereich zu erhöhten Torfmineralisationsraten führt. Ohne jegliche Bodenverdichtung auf Niedermoorstandorten kommt es ebenfalls zu negativen Erscheinungen. Infolge der Bodenauflockerung und der Verbuschung verliert das Niedermoor große Mengen an Wasser. Als vorteilhaft hat sich in der Vergangenheit eine mäßige Bodenverdichtung erwiesen, wie sie insbesondere und kostengünstig durch die Weidewirtschaft umzusetzen ist.

Je häufiger eine Nutzung auf Grünland erfolgt, umso mehr verlagert sich der Hauptwurzelteil nach oben (KLAPP 1971). Die Wurzelmasse nimmt mit steigender Nutzungshäufigkeit ab. Auf verdichteten (beweideten) Flächen kommt hinzu, dass sich der durchwurzelbare Bereich des Bodens verringert. SCHALITZ et al. (2002) konnten bei botanischen Untersuchungen auf den Lysimetern feststellen, dass sich der Kräuteranteil auf den Weidesimulationsflächen gegenüber den Mähflächen in der Regel erhöhte. Auch dieser Umstand hat Wirkungen auf den Wurzelraum. So haben niedrig wachsende Untergräser in der Regel einen geringeren Wurzeltiefgang als Obergräser. Im Allgemeinen kann festgestellt werden, dass der Wurzeltiefgang bei Gräsern größer ist als bei der Mehrzahl der Kräuter (KLAPP 1971).

Wirkung auf die Stoffbilanzen

Die Stoffbilanzen auf den Lysimetern wurden im Wesentlichen durch zwei antagonistische Prozesse bestimmt. Auf der einen Seite führt der flachere Wurzelbereich unter den Weidesimulationsflächen zu erhöhten Abflüssen von Nährstoffen. Auf der anderen Seite wird dieser Effekt durch den höheren Nährstoffbedarf der vermehrt auftretenden Kräuter sowie die kürzeren Nutzungsintervalle auf den Weideflächen reduziert (Tab. 2).

Tab. 2. Mittlere Nährstoffgehalte $\bar{x}$ des Ernteguts 1997 – 2000 [g / kg TM]

	Stickstoff		Phosphor		Kalium		Calcium	
	Mahd	Weide	Mahd	Weide	Mahd	Weide	Mahd	Weide
Variante 1	11,69	14,95	2,18	2,50	15,97	18,33	8,51	6,55
Variante 2	13,74	16,27	2,72	2,78	17,69	20,67	9,19	7,49
Variante 3	17,30	19,23	3,11	3,35	14,54	18,61	9,67	10,70
Variante 4	20,54	20,84	3,20	3,06	17,94	19,04	16,51	10,77

Somit konnte mit Hilfe der Nährstoffbilanzierung trotz günstigerer Wasserbilanzen auf diesen Flächen keine eindeutig positive Wirkung der Verdichtung auf den Torfmineralisationsprozess nachgewiesen werden

Stickstoff

Dem Versuch wurde auf der Grundlage langjähriger Messungen im Untersuchungsgebiet ein jährlicher N-Eintrag über Niederschläge von 0,6 g/m^2 zugrunde gelegt. Der N-Eintrag über den simulierten Grundwasserstrom betrug im Versuch durchschnittlich 0,5 g N/m^2/a. Die Gesamt-N-Konzentration des Zuflusswassers betrug durchschnittlich 0,96 mg N_t/l. Die Konzentrationen von NH_4^+- und NO_3^--N waren mit 0,07 mg NH_4^+-N/l bzw. 0,88 mg NO_3^--N/l sehr gering. Auf der Austragsseite stehen die N-Verluste mit dem Sickerwasserstrom und der Entzug mit der Ernte. Der N-Export über das Sickerwasser fiel insgesamt sehr gering aus. Als überraschend erwies sich die Tatsache, dass in fast sämtlichen Lysimetern der NH_4^+- im Vergleich zum NO_3-Austrag höher war. Die N-Konzentration des Abflusswassers war entsprechend dem Gesamt-N-Austrag gering. Der Mittelwert der Gesamtstickstoff (N_t)-Konzentration betrug 0,74 mg/l. Die mittlere NH_4^+-Konzentration lag bei 0,5 mg/l, wobei unter Weidenutzung mit 0,76 mg/l deutlich höhere Werte zu verzeichnen waren als unter Mähnutzung mit durchschnittlich 0,24 mg/l. Auch die NO_3^--Konzentration, die im Mittel aller Lysimeter 0,24 mg/l betrug, war durchschnittlich unter Weide (0,36 mg/l) höher als unter Mahd (0,13 mg/l). Der erntebedingte N-Entzug lag zwischen 7,2 g N/m^2/a und 33,8 g N/m^2/a. Im Mittel betrug er ca. 18,6 g/m^2/a. Dabei zeigten sich bezüglich der Nutzungsvarianten Unterschiede, die aber im Vergleich zwischen Mäh- und Weidenutzung bei gleichem Grundwasserstand keine signifikanten Korrelationen aufwiesen. Im Gegensatz dazu war der Zusammenhang zwischen Grundwasserstand und TM-Ertrag deutlich (SCHALITZ et al. 2002). Mit abnehmenden Grundwasserständen nahm der N-Entzug gemäß dem TM-Ertrag zu. Ab einem Grundwasserstand von 50 bis 100 cm unter Flur (Variante 4) waren Ertragseinbußen zu verzeichnen. Hier hatte sich eine Ruderalvegetation (SCHALITZ et al. 2002) herausgebildet, die zwar noch immer recht hohe Erträge einbrachte, in den Sommermonaten aber auch schon Trockenstresssituationen ausgesetzt war. Eine eindeutige Entwicklungstendenz des N-Entzuges über die Ernte war nicht festzustellen.

Tab. 3. Mittlere Stickstoffbilanz $\bar{x}$ 1997 – 2000 [g/m^2/a]

	Nieder-schlag	Zufluss		Abfluss		Ertrag		Bilanz	
		Mahd	Weide	Mahd	Weide	Mahd	Weide	Mahd	Weide
Variante 1	0,6	0,55	0,40	0,06	0,12	11,23	12,64	-10,13	-11,77
Variante 2	0,6	0,58	0,31	0,06	0,54	15,48	13,61	-14,36	-13,25
Variante 3	0,6	0,51	0,43	0,13	0,11	25,42	23,83	-24,43	-22,91
Variante 4	0,6	0,39	0,30	0,15	0,52	22,28	24,14	-21,43	-23,76
$\bar{x}$	0,6	0,51	0,36	0,10	0,32	18,60	18,56	-17,59	-17,92

Phosphor

Der P-Eintrag über das zugeführte Wasser war sehr gering und lag meistens im nicht messbaren Bereich. Auch der Austrag von P war erwartungsgemäß gering. Der für die Gesamt-P-Bilanz ausschlaggebende Entzug über das Erntegut erreichte verhältnismäßig hohe Werte. Der Mittelwert betrugt 3,1 g/m^2/a. Die entsprechenden Lysimeter hatten offensichtlich aus vorherigen Versuchen einen beachtlichen P-Vorrat erhalten können. Der höchste P-Entzug wurde 1997 auf Lysimeter 5 mit 6 g/m^2 gemessen. Die niedrigsten Austräge wurden 1998 auf Lysimeter 1 mit 1,3 g/m^2 und Lysimeter 4 mit 1,5 g/m^2 erfasst. Die Höhe des P-Entzugs ist eng an den TM-Ertrag gekoppelt.

Tab. 4. Mittlere Phosphorbilanzen $\bar{x}$ 1997 – 2000

	Zufluss [mg/m^2/a]		Abfluss [mg/m^2/a]		Ertrag [g/m^2/a]		Bilanz [g/m^2/a]	
	Mahd	Weide	Mahd	Weide	Mahd	Weide	Mahd	Weide
Variante 1	0,17	0,22	0,68	4,50	2,09	2,11	-2,09	-2,12
Variante 2	0,17	0,40	0,99	2,87	3,07	2,33	-3,07	-2,33
Variante 3	0,26	0,13	1,07	1,77	4,57	4,16	-4,57	-4,16
Variante 4	0,14	0,13	1,01	1,09	3,47	3,55	-3,47	-3,55
$\bar{x}$	0,19	0,22	0,94	2,56	3,30	3,04	-3,30	-3,04

Kalium

Dem Versuch wurde in Anlehnung an frühere Arbeiten und Messreihen (MUNDEL 1994, BEHRENDT et al. 1998) ein jährlicher K-Eintrag über den Niederschlag von 0,2 g/m^2 zugrunde gelegt. Der mittlere K-Zufluss betrug 0,91 g/m^2. Es wurde deutlich, dass eine hohe Evapotranspiration sich positiv auf den K-Eintrag auswirkt. Dementsprechend war der K-Import über das Zuflusswasser auf den Lysimetern mit Mähnutzung höher. Die K-Konzentration betrug ca. 2 mg K/l zufließendem Wasser. Der K-Austrag über das Sickerwasser stand im engen Zusammenhang zur Sickerwassermenge und zur Evapotranspiration. Eine hohe Evapotranspiration führte zu geringeren Sickerwassermengen und damit zu einem geringeren K-Austrag. Mit zunehmendem Grundwasserflurabstand sank die K-Konzentration das Abflusswassers. Der K-Gehalt der von den Weideflächen stammenden Ernte war im Vergleich zu jener der Mähflächen höher. Dies war

144

unter allen Grundwasserverhältnissen (Variante 1 - 4) der Fall. Somit kam es trotz geringerer Biomasseerträge zu höheren K-Austrägen. Die Endbilanzen waren stark an die K-Austräge mit dem Erntegut und diese wiederum an den TM-Ertrag gebunden. Der Vergleich der beiden Nutzungsalternativen Mahd und Weide hat zum Ergebnis, dass die K-Bilanzen auf den verdichteten Weideflächen in der Regel negativer ausfallen als auf den Mähflächen.

Tab. 3 Mittlere K-Bilanzen $\bar{x}$ 1997 - 2000 [g/m²/a] bei einer jährlichen K-Düngung von 15 g/m²

	Nieder-schlag	Zufluss		Abfluss		Ertrag		Bilanz	
		Mahd	Weide	Mahd	Weide	Mahd	Weide	Mahd	Weide
Variante 1	0,2	1,19	0,84	1,36	1,43	15,34	15,50	-0,31	-0,89
Variante 2	0,2	1,21	0,65	0,77	0,81	19,93	17,30	-4,29	-2,26
Variante 3	0,2	1,07	0,91	0,56	0,99	21,40	23,06	-5,70	-7,94
Variante 4	0,2	0,82	0,63	0,55	0,52	19,45	22,05	-3,98	-6,74
$\bar{x}$	0,2	1,07	0,76	0,81	0,94	19,03	19,48	-3,57	-4,46

Calcium

Tab. 4. Mittlere Calciumbilanz $\bar{x}$ 1997 - 2000 [g/m²/a]

	Zufluss		Abfluss		Ertrag		Bilanz	
	Mahd	Weide	Mahd	Weide	Mahd	Weide	Mahd	Weide
Variante 1	44,46	30,57	19,09	13,96	8,17	5,54	+17,20	+11,07
Variante 2	45,06	23,95	26,69	12,19	10,35	6,26	+8,01	+5,50
Variante 3	40,18	33,12	31,41	30,68	14,20	13,26	-5,43	-10,82
Variante 4	30,11	23,45	21,68	24,19	17,91	12,48	-9,47	-13,23
$\bar{x}$	39,95	27,77	24,72	20,26	12,66	9,39	+2,58	-1,87

Die Ca-Einträge im Versuch waren relativ hoch. Die Ca-Konzentration des Zuflusswassers betrug durchschnittlich 75 mg/l. Diese hohen Gehalte sind für die Grundwasserqualität von Luch- bzw. Niederungsgebieten typisch. Die Schwankungsbreite der absoluten Ca-Austräge im Versuch lag zwischen 4 und 27 g/m². In der Pflanzenmasse konnten mit zunehmendem Grundwasserflurabstand erhöhte Ca-Gehalte festgestellt werden. Offenbar wird durch die Mineralisierung Ca freigesetzt, und es kommt zur erhöhten Aufnahme von Ca durch die Pflanzen. Die ermittelten Ca-Gehalte waren jedoch relativ gering. Die Endbilanzen der Ca-Analyse zeigten eine sehr große Streubreite von Werten, die sich hauptsächlich auch daraus ergibt, dass auf den Lysimetern sowohl positive als auch negative Endbilanzen ermittelt wurden. Es ergab sich dabei eine deutliche Abhängigkeit vom Grundwasserstand. Mit zunehmendem Grundwasserflurabstand wird die Ca-Endbilanz unter beiden Nutzungsalternativen negativer. Der Vergleich der jeweiligen Nutzungsalternativen bei gleichen Grundwasserbedingungen zeigt durchweg eine negativere Endbilanz auf den Lysimetern mit Weidesimulation. Dies ist als Folge der geringeren Zuflüsse zu bewerten.

Literaturverzeichnis

BEHRENDT, A.; SCHALITZ, G.; HÖLZEL, D., 1998: Nährstoff- und Wasserbilanzen von Niedermoorgrasland in Abhängigkeit vom Grundwasserstand. *Archiv für Acker-, Pflanzenbau und Bodenkunde* 42, 479 - 485

MUNDEL, G., 1994: Kaliumbilanzen verschiedener hydromorpher Mineralböden aus langjähri-gen Lysimeteruntersuchungen. *Archiv für Acker-, Pflanzenbau und Bodenkunde* 39, 221 - 236

KLAPP, E., 1971: Wiesen und Weiden. Paul Parey

MASCHE, M., 2003: Der Einfluss von Grundwasser und unterschiedlicher Trittbelastung auf die Evapotranspiration und die Torfmineralisation. Diplomarbeit (Potsdam, Paulinenaue)

SCHALITZ, G.; HÖLZEL, D.; WARNCKE, D., 2002: Einfluss unterschiedlicher Grundwasserstands-läufe auf die botanische Zusammensetzung, Wasserverbrauch und Ertrag auf reliefiertem Niedermoor bei differenzierter Bewirtschaftung. *Archiv für Acker-, Pflanzenbau und Bodenkunde* 48, 181 - 193

Wurzelinduzierte Bodenvorgänge
14. Borkheider Seminar zur Ökophysiologie des Wurzelraumes
Hrsg.: W. Merbach, K. Egle, J. Augustin.
B. G. Teubner - Stuttgart • Leipzig • Wiesbaden (2004), S. 146 – 152

Führt beim Maisanbau in Deutschland die gleichmäßige Standraumverteilung mit enger Reihenweite zu höheren Erträgen und zu einem höheren Futterwert als bei großen Reihenweiten?

Jürgen PICKERT
Landesamt für Verbraucherschutz und Landwirtschaft Brandenburg, Referat Grünland und Futterwirtschaft, Gutshof 7, D-14641 Paulinenaue

Abstract

The actual existing results of field experiments on row distances in silage maize production at different experimental sites in Germany are discussed on the basis of dm yield and energy content. By changing row distance from 75 to 30-40 cm dm yield increased in Weser-Ems and particularly in Rheinland-Pfalz and Thuringia; at the other sites there was almost no or a rather negative influence. The energy content of the maize crop increased with lower row distance at the experimental sites of the rather southern regions Rheinland-Pfalz and Thuringia and decreased at the sites of the rather northern regions Weser-Ems, Schleswig-Holstein, Sachsen-Anhalt and Brandenburg. Depending on site and variety as well the results were varying and did not allow uniform conclusions.

Einleitung

Die Standraumzumessung beim Maisanbau über die Reihenweite und die Bestandesdichte war in den letzten Jahrzehnten mehrfach Veränderungen unterworfen. Dabei gingen von der zur Verfügung stehenden Bestell-, Pflege- und Erntetechnik sowie von den sich mit dem Züchtungsfortschritt ändernden Sortentypen der größte Einfluss aus. Als Ende der achtziger, Anfang der neunziger Jahre des letzten Jahrhunderts die Standraumverteilung erneut in den Blickpunkt der Forschung und Beratung geriet, war das Anbauverfahren durch Reihenweiten zwischen 70 und 80 cm geprägt und trug vor allem der Breite der zwischenreihig geführten Erntevorrichtungen, aber auch der Fahrwerksbreite der Ausbringgeräte für Dünger und Pflanzenschutzmittel Rechnung. Aus der Sicht der Bodenerosion, insbesondere im hängigen Gelände, geriet das Anbauverfahren mit den großen Reihenweiten in die Kritik. PEYKER und KERSCHBERGER (2001) stellten fest, dass sich gegenüber einer Reihenweite von 75 cm die Maisbestände bei 30 cm Reihenweite je nach Jahr im Mittel verschiedener Sorten um 11 bis 29 Tage früher schlossen. Von engen Reihenweiten werden neben der erosionsmindernden auch weitere positive Wirkungen erwartet, nämlich für die höhere Ausnutzung des Niederschlagswassers und der Nährstoffe, die Minderung des Nährstoffaustrages sowie die Unkrautunterdrückung (Einsparung von Herbiziden). Als nachteilig gelten vor allem der Wegfall der P-Unterfußdüngung, die mangelnde Befahrbarkeit des Maisbestandes mit herkömmlichen (breiten) Fahrwerken sowie höhere Maschinenkosten.

Verlauf der Versuche zu Reihenweiten

Der Einfluss der Reihenweite auf Entwicklung, Ertrag und Futterwert von Silomais ist **in den 1970er und 1980er Jahren** von mehreren Versuchsanstellern untersucht worden. Die Zusammenstellung der Ergebnisse (Tab. 1) zeigt, dass nur in einem Fall (PAULKE 1989) der Mais bei der Reihenweite 70 cm einen deutlich höheren Ertrag aufwies als bei 45 cm, in allen anderen dargestellten Vergleichen waren keine oder nur sehr geringe Unterschiede zwischen den verschiedenen Reihenweiten vorhanden. Nur in zwei Fällen (PAULKE 1989 und SCHUPPENIES 1990) traten Unterschiede im Kolbenanteil von ≥ 2 Prozentpunkten auf, allerdings mit entgegengesetzter Aussage. Insgesamt reagierte der Silomais kaum mit einer Veränderung in Ertrag und Futterwert auf die unterschiedlichen Reihenweiten.

In den 1990er Jahren wurden verstärkt Maissorten eingeführt, die sich durch eine kürzere Pflanzenlänge und eine steilere Blattstellung von den bis dahin vorherrschenden Sorten unterschieden. Beide Parameter ließen Abweichungen von dem bisher bekannten Einfluss auf die Standraumansprüche des Maises vermuten. Umfangreiche Versuche mit engeren Reihenweiten wurden hauptsächlich in Rheinland-Pfalz und Thüringen durchgeführt. Auch aus Sachsen-Anhalt, Niedersachsen und Schleswig-Holstein liegen inzwischen Versuchsergebnisse vor. In Paulinenaue wurde der Einfluss der Reihenweite auf den Maisbestand über drei Jahre untersucht.

Seit 2000 steht die Breitsaat von Mais an drei Standorten Paulinenaue, Dedelow (Brandenburg) und Iden (Sachsen-Anhalt) im Zentrum eines gemeinsamen Feldversuches. Sie wird mit herkömmlichen Ackerdrillmaschinen durchgeführt. Im Bereich der Aussaat führt das zu wesentlich geringeren Maschinenkosten und einer höheren Schlagkraft. Mit der Veröffentlichung der dreijährigen Versuchsergebnisse ist im Frühjahr 2004 zu rechnen. Nach bisher zwei ausgewerteten Versuchsjahren zeichnet sich ein dem Engreihenverfahren ähnlicher Rückgang bei den Futterwertparametern ab.

Tab. 1. Versuchsergebnisse verschiedener Autoren zum Silomaisanbau mit verschiedenen Reihenweiten (WATZKE 1984, ergänzt)

Autor, Jahr	Reihenweite, cm	Kolbenanteil, % d. TS	Ertrag, dt TS/ha
Simon/Schuppenies 1977	50	52,0	115,3
	75	54,1	112,6
Knoch 1979	50	49,5	90,2
	75	49,0	84,2
Nordestgaard 1980	31		118,0
	62		114,0
Podolak 1983	30		184,6
	60		182,0
Hepting 1981	40	51,3	165,1
	60	51,5	164,2
	80	52,2	159,8
Schäfer 1981	40	58,5	147,5
	60	57,5	146,2
	80	59,3	147,3
Paulke 1989	45	47,3	150,7
	70	49,3	161,3
Schuppenies 1990	35	47,0	161,0
	70	45,0	161,0

Ergebnisse der Engreihenversuche

Gegenüber dem herkömmlichen Anbauverfahren mit etwa 75 cm Reihenweite wurden beim Silomaisanbau im Engreihenverfahren mit 30 bis 40 cm Reihenweite aus Rheinland-Pfalz und Thüringen (SCHMITT und FISCH 2002; PEYKER und KERSCHBERGER 2001) mehrjährig positive Ergebnisse zur Maisentwicklung mitgeteilt (Tab. 2).

Dabei waren in Rheinland-Pfalz in den meisten der 12 Versuchsjahre der Maisertrag und in einigen Jahren auch der Kolbenanteil bzw. der Stärkegehalt im Engreihenverfahren höher als bei der herkömmlichen Reihenweite von 70 bis 75 cm. In Thüringen schnitt das Engreihenverfahren beim Parameter TS-Ertrag in manchen Jahren günstiger ab. Bei den Futterwert charakterisierenden Parametern (Kolbenanteil bzw. Stärkegehalt) traten nur sehr geringe Unterschiede auf. Von den dargestellten Ergebnissen der 9 Versuchsjahre wiesen bei der engen Reihenweite kurze Sorten in zwei Jahren und hochwüchsige Sorten in einem Jahr einen um ≥ 2 Prozentpunkte höheren Kolbenanteil bzw. Stärkegehalt auf als bei der Reihenweite 75 cm. Auf den Engreihenanbau reagierten die kürzeren Maissorten stets z. T. deutlich besser als die hochwüchsigeren.

Am Standort Thülsfelde (bei Cloppenburg/Weser-Ems) wurden dabei mit einer Silomaisorte bei 45 und 30 cm Reihenweite 5 bzw. 10 % höhere TS-Erträge als mit 75 cm Reihenweite erzielt, denen jedoch um 5 % geringere Stärkegehalte gegenüber standen. In Ostenfeld (bei Rendsburg, Schleswig-Holstein) stellten WULFES et al. (2002) zwischen dem Anbau mit 75 und 37,5 cm Reihenweite keine signifikanten Ertragsunterschiede fest. Die Energiedichte fiel bei Engreihensaat jedoch signifikant um ca. 0,1 MJ NEL/kg TS ab.

In jeweils dreijährigen Versuchen wurde der Einfluss der Reihenweite auf den Silomais in **Norddeutschland** untersucht (Tab. 3).

Tab. 2. Veränderungen (Relativwerte) im TS-Ertrag und im Futterwert beim Silomaisanbau mit enger (30 cm) gegenüber herkömmlicher (75 cm) Reihenweite (zusammengestellt nach SCHMITT und FISCH 2002 sowie KERSCHBERGER und PEYKER 2001)

75 cm = 100	Sortentyp	Rheinland-Pfalz	Thüringen
Anzahl der Jahre	kompakt	10	9
TS-Ertrag		118	110
Futterwert [1]		102	102
Anzahl der Jahre	massenwüchsig	14	6
TS-Ertrag		111	102
Futterwert [1]		102	101

[1] - bis 1997 Kolbenanteil, ab 1998 Stärkegehalt

Tab. 3. Ertrag und Futterwert beim Silomaisanbau mit unterschiedlicher Reihenweite 1998-2000 an verschiedenen nord- bzw. mitteldeutschen Standorten (LWK Weser-Ems 2001, WULFES et al. 2002, BOESE 2002 und 2002a)

Ort	Reihenweite	Ertrag	Energiedichte	Stärkegehalt
	cm	Dt TS/ha	MJ NEL/kg TS	g/kg TS
Thülsfelde [1]	45/30	156,5	6,29	269
(Weser-Ems)	75	145,7	6,39	298
Ostenfeld [2]	37,5	151,8	6,01	250
(Schleswig-Holstein)	75	150,3	6,09	279
Bernburg [3]	45/30	178	6,21	281
(Sachsen-Anhalt)	75	175	6,30	285

[1] Mittel aus 45 und 30 cm Reihenweite; Sorte, 4 Düngungsregimes
[2] Mittel von 2 Sorten und 4 Bestandesdichten
[3] Anbau mit 30 bzw. 45 cm Reihenweite im Wechsel; Mittel aus 7 Sorten

In **Mitteldeutschland** am Standort Bernburg (Sachsen-Anhalt) fand BOESE (2002, 2002a), im Mittel von sieben Maissorten bei Engreihensaat mit jeweils 30 und 45 cm Reihenweite im Wechsel, im Vergleich zum Anbau mit 75 cm Reihenweite keine signifikanten Differenzen im Ertrag und in den Futterwertparametern. Als Tendenz waren bei Engreihensaat ähnlich dem Versuch in Ostenfeld ein geringer Ertragsanstieg von 2 % sowie ein geringer Rückgang bei der Energiedichte und dem Stärkegehalt von 1 bzw. 2 % erkennbar.

Tab. 4. Einfluss der Reihenweite auf den Silomaisbestand bei verschiedenen Bestandesdichten und Sorten auf humosem Sand in Paulinenaue 1999-2001 (PICKERT 2003)

Reihenweite	Bestandesdichte	Sorte	Ertrag Ganzpflanze	Stärke- gehalt	Energie- dichte
cm	Pfl./m²		dt TS/ha	g/kg TS	MJ NEL/kg TS
75			160	357	6,66
37,5			156	331	6,50
	7		151	338	6,65
	10		159	353	6,59
	13		162	340	6,50
		1	156	339	6,52
		2	157	339	6,56
		3	161	354	6,65

Im **Paulinenauer Engreihenversuch** (Tab. 4) wurde über drei Jahre der Einfluss zweier Reihenweiten (37,5 und 75 cm) auf Ertrag und Futterwert von Silomais bei drei Bestandesdichten (7, 10 und 13 Pfl./m2 und drei Sorten geprüft (PICKERT 2003).

Die Verringerung der Reihenweite von 75 auf 37,5 cm führte in allen Versuchsjahren im Mittel der Bestandesdichten und Sorten zu einem Rückgang im Stärkegehalt um 26 g/kg TS und in der Energiedichte um 0,16 MJ NEL/kg TS. Bei 37,5 cm Reihenweite waren die TS-Erträge in jedem Jahr etwas niedriger als bei der Reihenweite 75 cm, allerdings nur in einem Jahr statistisch gesichert.

Schlussfolgerungen

Der bei den Untersuchungen in Rheinland-Pfalz, Thüringen und Weser-Ems festgestellte Ertragsanstieg bei Engreihensaat (30 bis 45 cm Reihenweite) im Vergleich zum Anbau mit herkömmlicher Reihenweite (75 cm) konnte durch die Versuchsergebnisse auf dem Standort in Brandenburg nicht bestätigt werden. Wenngleich die Ertragsdifferenz nicht immer statistisch gesichert war, muss erwähnt werden, dass die Erträge bei 75 cm Reihenweite in jedem Versuchsjahr etwas über denen der 37,5 cm-Variante lagen. Die Paulinenauer Ergebnisse ähneln denen aus Schleswig-Holstein und Sachsen-Anhalt. Damit reagierten die TS-Erträge auf die veränderte Reihenweite nicht auf allen Standorten einheitlich.

Der Rückgang im Stärkegehalt um 26 g und in der Energiedichte um 0,16 MJ NEL je kg TS beim Silomaisanbau in Engreihensaat auf dem nordostdeutschen Versuchsstandort Paulinenaue gegenüber der herkömmlichen Reihenweite stimmt mit den Versuchsergebnissen aus Weser-Ems, Schleswig-Holstein und Bernburg überein, bei denen in mehreren Jahren nach Engreihensaat ebenfalls geringere Energie- und Stärkegehalte festgestellt wurden. Die in Rheinland-Pfalz und zumindest in einigen Jahren auch in Thüringen festgestellten positiven Wirkungen der Engreihensaat auf den Futterwert von Silomais konnten somit nicht bestätigt werden. Auch Futterwertparameter des Silomaises reagierten nicht einheitlich auf die geringere Reihenweite.

Wenn die Veränderung im Anbauverfahren zu einer Verschlechterung des Futterwertes führt, kann sie aus wirtschaftlicher Sicht nicht für die Praxis in der betroffenen Region empfohlen werden. Erst recht nicht, wenn das, wie im vorliegenden Fall, mit höheren Kosten verbunden ist. Andere Maßstäbe sind zu setzen, wenn weitere Kriterien, z. B. Erosionsgefährdung, die Verfahrensgestaltung wesentlich bestimmen.

Da in den Versuchen nicht stets die gleichen Sorten verwendet worden sind, ein Sorteneinfluss an manchen Orten aber nachgewiesen wurde, können als Variationsursache der unterschiedlichen Ergebnisse Standort- und Sortenwirkungen benannt werden. Dies ist aber wenig hilfreich, da das Sortenspektrum einer raschen und ständigen Veränderung unterworfen ist. Die zeitliche und räumliche Erschließung des Wurzelraumes durch die Maispflanzen bei engen Reihenweiten und demzufolge größeren Abständen der Pflanzen in der Reihe, der Niederschlagsabfluss über die Blattspreiten hin zum Stängel, der frühere Bestandesschluss und das standortabhängige Mikroklima im Bestand müssen offensichtlich auch messtechnisch in solche Versuche einbezogen werden, wenn die Ergebnisse tatsächlich begründetet werden sollen.

Literaturverzeichnis

BOESE, L., 2002: Was bringt die enge Reihe bei der Maisaussaat – Ergebnisse aus Sachsen-Anhalt. *Bernburger Agrarberichte, H.* 3, 15-20.

BOESE, L., 2002a: Ertrag und Futterwertparameter der Reihenweitenversuche in Bernburg 1997-99. Unveröffentlichte Mitteilung.

HEPTING, L., 1981: Welchen Einfluß hat die Nutzungsrichtung bei Mais auf dessen Anbautechnik. Mais Kolloquium Einbeck. zit. bei Watzke, G. (1984).

KNOCH, G., 1979: Ergebnisse über Reihenweite, Bestandesdichte und Sorten bei Silomais und Pelletmais. *Archiv für Acker- und Pflanzenbau und Bodenkunde* 23, H. 7, 441-446.

LWK, WESER-EMS, 2001: Prüfungen und Versuche mit Mais 2000 – Ergebnisse und Berichte. Oldenburg, Landwirtschaftskammer Weser-Ems.

NORDESTGAARD, A., 1980: Kombinierte Untersuchung der Bestandesdichte, Reihenweite und N-Düngung bei Silomais 1974-1978. *Planteavl. Kobenhavn* 84, H. 6, 457-478.

PAULKE, K., 1989: Ergebnisse zur Ackerfutterproduktion in der LPG (P) Großrössen, Kreis Herzberg als Beitrag zur standortgerechten Grobfutterproduktion auf leichten Böden. Diss., Humboldt-Univ., Agrarwiss. Fakult., Berlin.

PEYKER, W.; KERSCHBERGER, M., 2001: Plus bei engeren Reihenweiten. *Bauernzeitung,* H. 11, 42-43.

PICKERT, J., 2003: Ertrag, Stärke- und Energiegehalt beim Silomaisanbau mit unterschiedlicher Reihenweite auf Sandboden in Nordostdeutschland. *Archiv für Acker- und Pflanzenbau und Bodenkunde* 49, H. 3, 309-315.

PODOLAK, M., 1983: Einfluß der Reihenentfernung auf den Ertrag von Maishybriden im Silomaisanbau. *Rostlina Vyroba Praha* 29, H. 5, 501-508.

SCHÄFER, K., 1981: Sorte und Standraum bei Silomais. Tierzüchter Hannover, H. 3, 120-122.

SCHMITT, K.-O.; FISCH, R., 2002: Silomais-Standraumversuch Ergebnisse 1988-2002, Landwirtschaftskammer Rheinland-Pfalz, Trier

SCHUPPENIES, R., 1990: Versuchsergebnisse – Einfluss der Reihenweite auf den Silomaisbestand. Institut f. Futterproduktion, Paulinenaue (unveröffentlicht).

SIMON, W.; SCHUPPENIES, R., 1977: Ansaat- und Sortenversuche bei Silomais. *Feldwirtschaft* 5, 208-210.

WATZKE, G., 1984: Verfahren der Produktion von kolbenreichem Silomais einschließlich Silierung. Institut f. Futterprod., Paulinenaue.

WULFES, R.; THODE, R.; OTT, H., 2002: Effects of row space, genotype and crop density on yield and quality of forage maize. *Proc. of 19th Gen. Meet. Europ. Grassl. Fed., La Rochelle, Grassland Science in Europe* 7, 490-491.

Verzeichnis der Teilnehmer

Prof. Dr. Jürgen Augustin, Institut für Primärproduktion und Mikrobielle Ökologie im ZALF Müncheberg, Eberswalder Str. 84, D-15374 Müncheberg

Bernhard Bauer, Institut für Pflanzenernährung (330), Universität Hohenheim, D-70593 Stuttgart

Dr. Christel Baum, Institut für Bodenkunde und Pflanzenernährung, Julius-von-Liebig Weg 6, D-18051 Rostock

Dr. Heidrun Beschow, Institut für Bodenkunde und Pflanzenernährung der Martin-Luther-Universität Halle-Wittenberg, Adam-Kuckhoff-Str. 17b, D-06108 Halle/Saale

Prof. Dr. Thomas Buckhout, Angewandte Botanik, Institut für Biologie, Humboldt-Universität Berlin, Invalidenstraße 42, D-10115 Berlin

Dr. Margitta Dannowski, Institut für Landnutzungssysteme und Landschaftsökologie, ZALF Müncheberg, Eberswalder Str. 84, D-15374 Müncheberg

Dr. Annette Deubel, Institut für Bodenkunde und Pflanzenernährung der Martin-Luther-Universität Halle-Wittenberg, Adam-Kuckhoff-Str. 17b, D-06108 Halle/Saale

Dr. Komi Egle, Institut für Bodenkunde und Pflanzenernährung der Martin-Luther-Universität Halle-Wittenberg, Adam-Kuckhoff-Str. 17b, D-06108 Halle/Saale

Dr. Thomas Fester, Institut für Pflanzenbiochemie der Martin-Luther-Universität Halle-Wittenberg, Weinberg 3, D-06120 Halle

Dr. Wolfgang Gans, Institut für Bodenkunde und Pflanzenernährung der Martin-Luther-Universität Halle-Wittenberg, Adam-Kuckhoff-Str. 17b, D-06108 Halle/Saale

Sigrid Härtling, UFZ Leipzig-Halle, Sektion Bodenforschung, Theodor-Lieser Str. 4, D-06126 Halle

Mohammad Ali Khalvati, Institut für Pflanzenwissenschaften, Professur Pflanzenernährung, Technische Universität München, Am Hochanger 2, D-085354 Freising

Dr. Rolf Kuchenbuch, Institut für Primärproduktion und Mikrobielle Ökologie, ZALF Müncheberg, Eberswalder Str. 84, D-15374 Müncheberg

Andreas Lieber, UFZ Leipzig-Halle, Sektion Umweltmikobiologie, Permoser Str. 15, D-04318 Leipzig

Monique Masche, ZALF Müncheberg, Duisburger Str. 13, D-14612 Falkensee

Prof. Dr. Wolfgang Merbach, Institut für Bodenkunde und Pflanzenernährung der Martin-Luther-Universität Halle-Wittenberg, Adam-Kuckhoff-Str. 17b, D-06108 Halle/Saale

154

Christian Mikutta, Institut für Ökologie, FG Bodenkunde, TU Berlin, Salzufer 11-12, D-10587 Berlin

Svea Pacyna, Institut für Pflanzenernährung der Rheinischen Friedrich-Wilhelms-Universität Bonn, Karlrobert-Kreiten-Str. 13, D-53115 Bonn

Dr. Jürgen Pickert, Landesamt für Verbraucherschutz und Landwirtschaft Brandenburg, Ref. Grünland- und Futterwirtschaft, Gutshof 7, D-14641 Paulinenaue

Prof. Dr. Werner Reißer, Institut für Botanik der Universität Leipzig, Johannisallee 21–23, D-04103 Leipzig

Dr. Silke Ruppel, Institut für Gemüse- und Zierpflanzenbau Großbeeren-Erfurt e.V., Theodor Echtermeyer Weg 1, D-14949 Großbeeren

Prof. Dr. Gisbert Schalitz, ZALF Müncheberg, Forschungsstation Paulinenaue, Gutshof 7, D-14641 Paulinenaue

Enrico Scheuermann, Institut für Pflanzenernährung (330), Universität Hohenheim, D-70593 Stuttgart

Katja Schneckenberger, Institut für Bodenkunde und Standortslehre, Universität Hohenheim, Emil-Wolff-Str. 27, D-70599 Stuttgart

Dr. Horst Schulz, UFZ Leipzig-Halle, Sektion Bodenforschung, Theodor-Lieser Str. 4, D-06126 Halle

Dr. Bernd Steingrobe, Institut für Agrikulturchemie der Georg-August-Universität, Carl-Sprengel-Weg 1, D-37075 Göttingen

Stefanie Stremlau, Institut für Botanik der Ernst-Moritz-Arndt-Universität Greifswald, Grimmer Strasse 88, D-17487 Greifswald

Prof. Dr. Christine Stöhr, Institut für Botanik der Ernst-Moritz-Arndt-Universität Greifswald, Grimmer Strasse 88, D-17487 Greifswald

Dr. Sören Thiele-Bruhn, Institut für Bodenkunde und Pflanzenernährung, Universität Rostock, Julius-von-Liebig Weg 6, D-18051 Rostock

Adel Usman, Institut für Bodenkunde (310), Universität Hohenheim, Emil-Wolff-Str. 27, D-70599 Stuttgart

Dr. Doris Vetterlein, Institut für Bodenkunde und Pflanzenernährung der Martin-Luther-Universität Halle-Wittenberg, Weidenplan 14, D-06108 Halle/Saale

Dr. Lutz Wittenmayer, Institut für Bodenkunde und Pflanzenernährung der Martin-Luther-Universität Halle-Wittenberg, Adam-Kuckhoff-Str. 17b, D-06108 Halle/Saale

Dr. Christian Zörb, Institut für Pflanzenernährung der Justus-Liebig-Universität Gießen, Heinrich-Buff-Ring 26-32, D-35392 Gießen

Autorenregister

Sachregister